Chinnaperumal Kamaraj
Selladurai Subarani

NPs AG bio-fabricadas contra vectores da malária e da filariose

Chinnaperumal Kamaraj
Selladurai Subarani

NPs AG bio-fabricadas contra vectores da malária e da filariose

ScienciaScripts

Imprint

Any brand names and product names mentioned in this book are subject to trademark, brand or patent protection and are trademarks or registered trademarks of their respective holders. The use of brand names, product names, common names, trade names, product descriptions etc. even without a particular marking in this work is in no way to be construed to mean that such names may be regarded as unrestricted in respect of trademark and brand protection legislation and could thus be used by anyone.

Cover image: www.ingimage.com

This book is a translation from the original published under ISBN 978-3-659-68370-1.

Publisher:
Sciencia Scripts
is a trademark of
Dodo Books Indian Ocean Ltd. and OmniScriptum S.R.L publishing group

120 High Road, East Finchley, London, N2 9ED, United Kingdom
Str. Armeneasca 28/1, office 1, Chisinau MD-2012, Republic of Moldova, Europe
Printed at: see last page
ISBN: 978-620-8-20233-0

Copyright © Chinnaperumal Kamaraj, Selladurai Subarani
Copyright © 2024 Dodo Books Indian Ocean Ltd. and OmniScriptum S.R.L publishing group

Conteúdo

Capítulo 1

INTRODUÇÃO GERAL

1.1. Informações gerais

A malária continua a ser uma das principais causas de morbilidade e mortalidade nos países tropicais e subtropicais do mundo, apesar do enorme investimento nos esforços de controlo. A malária mata entre 1,5 e 2,7 milhões de pessoas por ano no mundo, e entre 300 e 500 milhões adoecem frequentemente devido a esta doença (OMS, 1998). Mais de um milhão destas mortes ocorrem em crianças com menos de cinco anos, mas também incluem mulheres na sua primeira ou segunda gravidez, crianças mais velhas, jovens adultos e viajantes não imunes. Em África, a doença é responsável por cerca de 1 milhão de mortes anuais, principalmente de bebés e crianças. Na doença aguda, uma criança pode morrer nas 24 horas seguintes à infeção. As mulheres grávidas têm quatro vezes mais probabilidades de sofrer ataques de paludismo e podem dar à luz bebés com baixo peso à nascença e nados-mortos, pondo em perigo a saúde das mulheres e as perspectivas de sobrevivência dos recém-nascidos (Lindsay et al., 2000). Fora da África tropical, as mortes por paludismo ocorrem principalmente entre os recém-chegados não imunes a zonas endémicas, por exemplo, entre trabalhadores agrícolas, mineiros e colonos em zonas recentemente colonizadas (OMS, 2000). O paludismo é mais grave nos países mais pobres e nas populações que vivem nas condições mais difíceis e empobrecidas. A prevalência e a gravidade, bem como a magnitude dos efeitos sociais e económicos associados, variam muito nas diferentes áreas geográficas onde a doença ocorre. No entanto, os piores efeitos da doença fazem-se sentir na África Subsariana (OMS, 2000). A doença prejudica a saúde e o bem-estar das famílias, põe em perigo a sobrevivência e a educação das crianças, provoca deficiências na população ativa e empobrece os indivíduos e os países

A Índia é um dos países mais afectados pela malária humana, que é uma das principais doenças transmitidas por vectores que continua a afetar vastas populações em todo o mundo. A malária é uma infeção causada por protozoários parasitas do género Plasmodium e transmitida pela picada de mosquitos Anopheles infectados. O número oficial de casos afectados pela malária em 2009 na Índia foi de 1,6 milhões e 1144 mortes foram atribuídas à malária. No entanto, peritos independentes estimam um número muito mais elevado de casos de malária na Índia. A análise de dados de autópsias verbais para 2001-03 do sistema de registo de amostras sugeriu que 125 000277 000 mortes são causadas pela malária por ano na Índia, com as taxas mais elevadas nos estados orientais de Orissa, Chhattisgarh, Jharkhand e nos estados do nordeste (Dhingra et al., 2010). As estimativas globais de mortes por paludismo variam entre 0,7 e 2,7 milhões por ano, com mais de 75% das mortes a ocorrerem em crianças com menos de 5 anos na África tropical (Breman, 2001). Segundo um relatório recente, 406 milhões de indianos estavam em risco de transmissão estável de Plasmodium falciparum em 2007, com uma estimativa pontual incerta de 101,5 milhões de casos clínicos (Hay et al., 2010).

A filariose linfática (FL) é, a seguir à malária, a mais importante doença transmitida por vectores na Índia. Cerca de 420 milhões de pessoas residem em zonas endémicas e 48,11 milhões estão infectadas. A FL causada por Wuchereria bancrofti é um importante problema de saúde pública que contribui para cerca de 90% dos 120 milhões de casos registados nas regiões tropicais e subtropicais (GPELF, 2006) e é transmitida pelo mosquito doméstico tropical Culex quinquefasciatus, que é responsável por 95% do total de casos de filariose linfática na Índia (Michael et al., 1995; Ramaiah et al., 2000). Na Índia, a filariose é endémica em 17 Estados e seis Territórios da União, com cerca de 553 milhões de pessoas em risco de infeção e há aproximadamente 21 milhões de pessoas com LF sintomática e 27 milhões de portadores assintomáticos de microfilárias (Sabesan et al., 2000; Raju et al., 2010).

A biossíntese de nanopartículas utilizando extractos de plantas é vantajosa em relação aos métodos químicos e físicos porque é um método rentável e amigo do ambiente, uma vez que não envolve a utilização de alta pressão, energia, temperatura e produtos químicos tóxicos. A utilização de plantas para a síntese de nanopartículas é vantajosa em relação a outros processos biológicos, porque elimina o elaborado processo de manutenção de culturas de células e pode ser adequadamente ampliada para a síntese de nanopartículas em grande escala. O controlo de vectores enfrenta uma ameaça devido ao aparecimento de resistência aos insecticidas sintéticos. A síntese de nanopartículas utilizando extractos de plantas pode constituir uma técnica de biocontrolo alternativa adequada no futuro. Há uma necessidade urgente de desenvolver novas abordagens inovadoras que sejam mais ecológicas, não tóxicas e pouco dispendiosas, para controlar os mosquitos com extractos de plantas disponíveis em abundância que visem exclusivamente os mosquitos. Embora estejam em voga várias medidas de biocontrolo, o seu controlo eficaz de adultos, larvas e ovos de mosquitos não foi até agora destacado, ao passo que as possibilidades de biossíntese verde de nanopartículas utilizando extractos de plantas foram documentadas de forma fragmentada.

1.2. Significado do vetor

Os mosquitos, criaturas incómodas sugadoras de sangue, são há muito conhecidos pela sua importância como pragas e vectores e encontram-se em todo o mundo. Pertencem à família Culicidae, que se divide em 3 subfamílias: Toxorhynchitinae, Culicinae e Anophelinae. Entre estas, Culicinae e Anophelinae são os principais grupos de mosquitos que vivem nas regiões tropicais e subtropicais do mundo.

Anopheles, Culex, Aedes, Mansonia, Haemagogus, Sabethes e Psorophora são géneros de mosquitos que têm importância médica devido ao seu comportamento de sucção de sangue dos seres humanos (Abu Hassan e Yap, 1999). Podem transmitir várias doenças, como a malária, a filariose, a dengue, a febre amarela e a encefalite. Contudo, estas doenças estão mais disseminadas nas regiões tropicais do que nos países temperados. Nos climas temperados, o ciclo de vida dos agentes patogénicos é prolongado pelo tempo frio. Os mosquitos com um tempo de vida mais curto morrem frequentemente antes de os agentes patogénicos se tornarem infecciosos (Busvine, 1980), em comparação com os países tropicais.

Devido ao incómodo direto dos mosquitos, como as actividades de picada e a transmissão de doenças, têm sido aplicados vários tipos de insecticidas domésticos para os matar ou expulsar. Sabe-se que algumas espécies de mosquitos são vectores de mais de uma doença ou que muitas doenças podem ser transmitidas por mais de uma espécie de mosquito (Miyagi e Toma, 2000). A ocorrência do vírus da dengue transovarial na população selvagem foi confirmada por Rohani et al. (1997) e este é o primeiro relatório de transmissão transovarial do vírus da dengue na Malásia. Por conseguinte, o controlo do mosquito na fase larvar é importante (Lee, 2002).

O controlo dos mosquitos pode ser dividido em quatro categorias, nomeadamente a redução na fonte e a gestão ambiental, o controlo biológico, o controlo químico, as barreiras físicas e a proteção pessoal (Yap et al., 1999). O controlo químico é a principal escolha para o controlo dos vectores e continuará a ser utilizado no futuro próximo devido à sua ação rápida e ao desenvolvimento limitado de alternativas. A maior parte dos ingredientes activos dos insecticidas domésticos e dos repelentes para o controlo dos mosquitos é constituída por piretróides sintéticos e apenas alguns contêm carbamatos, organofosforados ou organoclorados como ingredientes activos (Yap et al., 2000).

Os métodos mais eficazes para controlar o vetor são a adulticação e a larvicação. Os produtos químicos utilizados na adulticação são principalmente piretróides, que são altamente eficazes contra os mosquitos e apresentam baixa toxicidade para os organismos não visados (Lee, 2000). Embora o grânulo de areia de temefos tenha sido o larvicida utilizado durante mais de duas décadas, foi registada uma baixa resistência ao temefos (Lee et al., 1984; Lee e Lime, 1989) em comparação com o malatião (Lee et al., 1987).

Foram analisados cerca de 100 insecticidas organofosforados para controlar os vectores de doenças (OMS, 1986). Os organofosforados, que contêm carbono, hidrogénio e fósforo, têm um efeito residual reduzido contra os insectos e uma elevada toxicidade para os mamíferos. O malatião, o temefos, o fentião, o fenitrotião e o clorpirifos são os insecticidas organofosforados enumerados pela OMS (1998), que são adequados para utilização como larvicidas para controlar os mosquitos devido à sua instabilidade química e à sua não persistência no ambiente (Lee e Yap, 2003).

1.3. Medidas de controlo dos vectores

No entanto, mesmo no caso de doenças transmitidas por vectores com tratamentos eficazes, o elevado custo do tratamento continua a ser um enorme obstáculo para grande parte das populações dos países em desenvolvimento. Apesar de ser tratável, a malária tem, de longe, o maior impacto dos vectores na saúde humana. Em África, uma criança morre de malária em cada 45 segundos (OMS, 2010). Nos países onde a malária está bem estabelecida, a Organização Mundial de Saúde estima que os países perdem 1,3% do rendimento económico anual devido à doença. Para proteger as populações, é necessário tanto a prevenção através do controlo dos vectores como o tratamento.

Dado que os impactos das doenças e dos vírus são devastadores, é prioritária a necessidade de controlar os vectores que os transportam. O controlo dos vectores em muitas áreas do terceiro mundo pode ter impactos tremendos, uma vez que aumenta as taxas de mortalidade, especialmente entre as crianças (OMS, 2009). Devido à grande movimentação da população, a propagação de doenças também é um problema maior nessas áreas (Walsh et al., 1980).

1.3.1. Métodos de controlo

O controlo dos vectores centra-se na utilização de métodos preventivos para controlar ou eliminar as populações de vectores. As medidas preventivas mais comuns são:

1.3.1.1.Controlo do habitat

A eliminação ou redução das áreas onde os vectores se podem reproduzir facilmente pode ajudar a limitar o crescimento da população. Por exemplo, a remoção de águas estagnadas, a destruição de pneus velhos e latas que servem de hábitos de reprodução dos mosquitos e a boa gestão da água usada podem reduzir as áreas de incidência excessiva de vectores.

1.3.1.2.Reduzir o contacto

Limitar a exposição a insectos ou animais que são vectores de doenças conhecidas pode reduzir significativamente os riscos de infeção. Por exemplo, os mosquiteiros, as telas das janelas das casas ou o vestuário de proteção podem ajudar a reduzir a probabilidade de contacto com os vectores. Para ser eficaz, é necessário educar e promover métodos entre a população para a sensibilizar para as ameaças dos vectores.

1.3.1.3.Controlo biológico

A utilização de predadores naturais de vectores, tais como toxinas bacterianas ou compostos botânicos, pode ajudar a controlar as populações de vectores. A utilização de peixes que comem larvas de mosquitos ou a redução das taxas de reprodução através da introdução de moscas tsé-tsé machos esterilizados demonstraram controlar as populações de vectores e reduzir os riscos de infeção (Vreysen et al., 2000).

1.3.1.3.1. Agentes de controlo biológico

Os agentes de controlo biológico dos mosquitos incluem uma grande variedade de agentes patogénicos, parasitas e predadores. Regra geral, os agentes patogénicos e os parasitas dos mosquitos são altamente específicos do seu hospedeiro, ao passo que os predadores têm hábitos alimentares mais gerais e alimentam-se oportunisticamente de mosquitos.

1.3.1.3.2. Agentes patogénicos dos mosquitos

Os agentes patogénicos dos mosquitos incluem uma variedade de vírus e bactérias. São altamente específicos do hospedeiro e normalmente infectam as larvas de mosquito quando são ingeridas. Ao entrarem no hospedeiro, estes agentes patogénicos multiplicam-se rapidamente, destruindo órgãos internos e consumindo nutrientes. Em alguns casos, o agente patogénico pode ser transmitido a outras larvas de mosquito quando o tecido larvar se desintegra e os agentes patogénicos são libertados na água para serem ingeridos por larvas não infectadas.

Exemplos de bactérias patogénicas para os mosquitos são Bacillus sphaericus e várias estirpes de Bacillus thuringiensis israelensis. Estas duas bactérias produzem proteínas que são tóxicas para as larvas dos mosquitos. Ambas são produzidas comercialmente como larvicidas para mosquitos.

1.3.1.3.3. Parasitas dos mosquitos

Os ciclos de vida dos parasitas dos mosquitos são biologicamente mais complexos do que os dos agentes patogénicos dos mosquitos e envolvem hospedeiros intermediários ou outros organismos que não os mosquitos. Os parasitas dos mosquitos são ingeridos pela larva que se alimenta ou penetram ativamente na cutícula da larva para aceder ao interior do hospedeiro. Uma vez dentro do hospedeiro, os parasitas consomem os órgãos internos e as reservas alimentares até que o processo de desenvolvimento do parasita esteja completo. O hospedeiro é morto quando o parasita atinge a maturidade e abandona o hospedeiro (Romanomermis culicivorax) ou se reproduz (Lagenidium giganteum). Uma vez livre do hospedeiro, o parasita pode permanecer adormecido no ambiente até poder iniciar o seu ciclo de desenvolvimento noutro hospedeiro adequado.

Exemplos de parasitas de mosquitos são os fungos Coelomomyces spp., Lagenidium giganteum, Culicinomyces clavosporus e Metarhizium anisopliae; os protozoários Nosema algerae, Hazardia milleri, Vavraia culicis, Helicosporidium spp., Amblyospora californica, Lambornella clarki e Tetrahymena spp. e o nemátodo

Romanomermis culicivorax. Nenhum destes está a ser considerado para utilização pelo controlo de mosquitos e vectores (MVC), uma vez que não estão atualmente disponíveis comercialmente.

1.3.1.3.4. Predadores de mosquitos

Os predadores de mosquitos são representados por organismos altamente complexos, como insectos, peixes, aves e morcegos, que consomem larvas ou mosquitos adultos como presas. Os predadores são oportunistas nos seus hábitos alimentares e, normalmente, alimentam-se de uma variedade de tipos de presas. Isto permite que os predadores criem e mantenham populações a níveis suficientes para controlar os mosquitos, mesmo quando estes são escassos.

Os exemplos de predadores de mosquitos incluem representantes de uma grande variedade de taxa: celenterados (Hydra spp.); platelmintos (Dugesia dorotocephala, Mesostoma lingua e Planaria spp.); insectos (Anisoptera, Zygoptera, Belostomidae, Geridae, Notonectidae, Veliidae, Dytiscidae e Hydrophilidae); aracnídeos (Pardosa spp.); peixes (Gambusia affinis, Gasterosteus aculeatus, Poecillia reticula); morcegos; e aves (anseriformes, apodiformes, charadriiformes e passeriformes). Devido à sua abundância e fácil identificação, os funcionários do MVC monitorizam regularmente os Notonectides e os Dytiscídeos. Quando estes invertebrados predadores de larvas de mosquitos são abundantes, o controlo químico é raramente utilizado.

1.3.1.3.5. Mosquitofish e controlo dos mosquitos

A Gambusia affinis, ou peixe mosquito, é o agente de controlo biológico de mosquitos mais utilizado no mundo. A utilização cuidadosa deste peixe pode proporcionar uma supressão segura, eficaz e persistente de uma variedade de espécies de mosquitos em muitos tipos de fontes de mosquitos. Tal como acontece com todos os agentes de controlo, a utilização de peixes-mosquito exige um bom conhecimento das técnicas operacionais e das implicações ecológicas, uma avaliação cuidadosa dos locais de povoamento e a utilização de métodos de povoamento adequados.

O MVC nunca povoou lagoas e riachos naturais e introduziu peixes-mosquito apenas em lagoas ornamentais e outras fontes artificiais discretas. O objetivo é evitar a fuga de peixes para ambientes naturais. Atualmente, os peixes também são distribuídos através de viveiros, mas propõe-se que esta prática cesse se a área de serviço do MVC for alargada e o pessoal do MVC puder controlar pessoalmente a libertação de Gambusia noutros locais do condado. Para informações gerais sobre a biologia dos peixes-mosquito e a sua aplicação em programas de controlo de mosquitos, remete-se o leitor para Swanson et al. (1996).

1.3.1.4.Medidas de controlo físico da larvicida Técnicas e equipamento

Devido à grande variedade de fontes de mosquitos na Área de Serviço e à variedade de formulações de pesticidas descritas acima, o MVC utiliza uma variedade de técnicas e equipamentos para aplicar larvicidas, incluindo pulverizadores e espalhadores manuais, equipamentos de pulverização montados em camiões ou barcos, e helicópteros ou outros aviões. Para uma breve descrição destes métodos de aplicação, ver Durso (1996).

1.3.1.4.1. Equipamento de aplicação no solo

O MVC utiliza carrinhas pick-up convencionais como veículos larvicidas. Um reservatório de produto químico, uma bomba eléctrica ou a gás de alta pressão e baixo volume e um bico de pulverização são montados na parte de trás da plataforma da carrinha, com um interrutor que permite ao condutor operar o equipamento e aplicar o larvicida a partir da cabina da carrinha. Se a MVC adquirisse um ATV, este teria um recipiente para produtos químicos montado no veículo, uma bomba eléctrica de 12 volts que fornece um fluxo de alta pressão e baixo volume, e barras e/ou mangueiras e pontas de pulverização que permitem a aplicação enquanto se conduz o veículo. Os veículos todo-o-terreno (ATV) são ideais para o tratamento de zonas como campos agrícolas, pastagens e outros locais fora de estrada. Os funcionários devem receber formação adicional sobre segurança e manuseamento dos ATV antes de utilizarem estas máquinas.

1.3.1.4.1. Equipamento de aplicação aérea

Quando grandes áreas estão a produzir simultaneamente larvas de mosquito em densidades que excedem os limiares de tratamento do MVC, o MVC pode utilizar helicópteros ou outras aeronaves para aplicar qualquer um dos larvicidas acima referidos. O MVC contrata serviços de aviação independentes para efetuar aplicações aéreas, com orientação para o local-alvo fornecida pelo pessoal do MVC e mapas aéreos gerados por GIS com o local-alvo pesquisado destacado. A aplicação aérea de larvicidas é uma atividade relativamente pouco frequente para o MVC, ocorrendo tipicamente apenas 2-3 vezes por ano, com cada aplicação a cobrir entre 30 a algumas centenas de hectares. No entanto, a produção de larvas pode variar substancialmente e o MVC é capaz de efetuar operações mais frequentes ou extensas.

1.3.1.5.Controlo químico

Podem ser utilizados insecticidas, larvicidas, rodenticidas e repelentes para controlar os vectores. Por exemplo, os larvicidas podem ser utilizados em zonas de reprodução de mosquitos; os insecticidas podem ser aplicados nas paredes das casas ou nos mosquiteiros, e a utilização de repelentes pessoais pode reduzir a incidência de picadas de insectos e, consequentemente, de infecções. A utilização de pesticidas para o controlo dos vectores é promovida pela Organização Mundial de Saúde (OMS) e provou ser altamente eficaz (OMS, 2006).

Quando o controlo físico, biológico e químico dos mosquitos larvares falhar ou for insuficiente para reduzir o risco de transmissão de doenças, o MVC pode solicitar a aprovação do Conselho de Supervisão para utilizar insecticidas para reduzir diretamente as populações de mosquitos adultos (adulticida). Os adulticidas foram utilizados pelo MVC apenas num local, numa única ocorrência, no início dos dez anos de história do MVC. Se as populações de mosquitos adultos excederem os limiares do MVC, é declarada uma emergência de saúde pública com base em casos humanos de doenças transmitidas por vectores, como o vírus do Nilo Ocidental (WNV), e é obtida a aprovação do Conselho de Supervisão. Os insecticidas para o controlo de mosquitos adultos são conhecidos como adulticidas, e o MVC pode escolher entre uma variedade de materiais registados para este fim. O pessoal do MVC também pode optar por comprar uma variedade de equipamentos de aplicação de adulticidas, desde os manuais aos montados em veículos, e pode contratar aplicações aéreas.

A eficácia e eficiência da adulticida depende de uma série de factores relacionados. Em primeiro lugar, a espécie de mosquito a tratar deve ser suscetível ao inseticida aplicado. Alguns mosquitos da Califórnia são resistentes ou mais tolerantes a alguns adulticidas, o que afecta a seleção do produto químico. Em segundo lugar, as aplicações de inseticida devem ser feitas durante os períodos de atividade dos mosquitos adultos, que varia consoante as espécies. Algumas espécies de mosquitos são diurnas (picam durante o dia), outras são crepusculares (picam ao amanhecer ou ao anoitecer) e outras ainda são nocturnas (picam durante a noite). As aplicações de aerossol devem ser efectuadas quando os mosquitos-alvo estão a voar e estão expostos ao máximo à névoa de aerossol. Os critérios do MVC enfatizam a adulticação de emergência como uma técnica potencial para reduzir as populações de Cx. tarsalis ou Cx. pipiens (os principais vectores da encefalite e do WNV), ou possivelmente de Och. sierrensis (verme do cão), que são espécies principalmente crepusculares. Por conseguinte, a atividade de adulticida do MVC teria potencialmente lugar ao amanhecer e ao anoitecer.

1.3.1.5.1. Piretrinas e piretróides

A piretrina (piretro) é um inseticida natural extraído de certas variedades da flor Chrysanthemum cinerariaefolium e consiste em seis ingredientes activos conhecidos coletivamente como piretrinas (Worthing e Hance, 1991). Este material proporciona um controlo eficaz dos mosquitos adultos e de outras pragas de insectos em doses muito baixas e tem pouca atividade residual (persistência) devido à sua sensibilidade à luz solar. As flores são cultivadas comercialmente em partes de África e da Ásia. Os análogos sintéticos das piretrinas naturais alcançaram sucesso comercial na década de

1950. Tal como as piretrinas naturais, os piretróides sintéticos de "primeira geração", como a fenotrina e a tetrametrina, são relativamente instáveis quando expostos à luz. Durante as décadas de 1960-1970, foram feitos grandes progressos nos piretróides sintéticos estáveis à luz. Estes piretróides fotoestáveis representam a "segunda geração" destes compostos. No entanto, a baixa persistência do piretro natural significa que este é frequentemente necessário em zonas agrícolas, apesar do seu custo significativamente mais elevado (ver http://extoxnet.orst.edu/pips/pyrethri.htm).

As piretrinas e os piretróides apresentam uma rápida eliminação e morte de mosquitos adultos, caraterísticas que são consideradas um dos principais benefícios da sua utilização. O modo de ação destes compostos está relacionado com a sua capacidade de afetar a função dos canais de sódio nas membranas neurais dos insectos. A sua toxicidade nos insectos é acentuadamente aumentada pela adição de sinergistas (principalmente butóxido de piperonilo) que inibem a desintoxicação das piretrinas nos insectos.

Controlo dos vectores, a atividade vetorial resultante afectaria significativa e negativamente o ambiente humano. A utilização de larvicidas limita a proliferação de larvas de mosquitos em fontes aquáticas, enquanto a adulticida pode ser utilizada para reduzir os níveis nocivos de mosquitos adultos numa situação de emergência. Outros pesticidas registados ajudam a controlar outras ameaças de invertebrados à saúde e ao bem-estar públicos. Em conjunto com a educação do público e o controlo biológico, esta combinação de métodos de controlo ajuda a proporcionar proteção contra doenças e incómodos transmitidos por vectores.

1.4. Nanopartículas de Ag - revisão

A nanotecnologia envolve a conceção, a síntese e a manipulação de estruturas em partículas com dimensões inferiores a 100 nm para funções específicas. Entidades físicas e químicas de origem vegetal e microbiana têm a capacidade de gerar propriedades de valor à escala nanométrica. Atualmente, a nanobiotecnologia representa uma alternativa económica aos métodos químicos e físicos para a síntese de nanopartículas (Ahmad et al., 2003). As nanopartículas como a Ag, Au, Pt e Pd são amplamente exploradas devido às suas propriedades físico-químicas especiais em aplicações biológicas. Mais de 1000 nanopartículas de AgNPs são utilizadas em produtos de consumo como pneus, têxteis, cosméticos, indústrias alimentares para embalagem e processamento de aplicações médicas em produtos para tratamento de feridas, dispositivos terapêuticos, diagnóstico e administração de medicamentos (Krishnaraj et al., 2010). Por exemplo, os efeitos tóxicos das AgNPs foram avaliados em células de mamíferos, incluindo a alteração da função normal das mitocôndrias, o aumento da permeabilidade da membrana e a geração de espécies reactivas de oxigénio (Jain et al., 2009).

O domínio da nanotecnologia assistiu recentemente a avanços espectaculares na metodologia de fabrico de nanomateriais e na utilização das suas exóticas propriedades físico-químicas e optoelectrónicas (Nie e Emory, 1997). Com o desenvolvimento de novos protocolos baseados em métodos químicos ou físicos, aumenta também a preocupação com a contaminação ambiental, uma vez que os procedimentos químicos envolvidos na síntese de nanomateriais geram uma grande quantidade de subprodutos perigosos. Assim, há necessidade de uma "química verde" que inclua um método de síntese de nanopartículas limpo, não tóxico e amigo do ambiente (Mukherjee et al., 2001). Como alternativa aos métodos convencionais, os métodos biológicos são considerados seguros e ecologicamente corretos para o fabrico de nanomateriais (Shankar et al., 2004). Um dos principais desafios para os investigadores no método biossintético é o controlo sistemático do tamanho e da forma das nanopartículas metálicas inorgânicas.

A nanotecnologia oferece novas soluções para a transformação de biossistemas e proporciona uma ampla plataforma tecnológica para aplicações em vários domínios, como o bioprocessamento na medicina molecular industrial (Schmidt e Montemagno, 2002), a investigação dos efeitos das nanoestruturas no ambiente para a saúde (Keanea et al., 2002) e a ecotoxicologia (Moore, 2002; Borm, 2002).

1.4.1. Nanopartículas (NPs)

As nanopartículas de metais nobres, como o ouro, a prata e a platina, são amplamente aplicadas em produtos que entram em contacto direto com o corpo humano, como champôs, sabonetes, detergentes, calçado, produtos cosméticos e pasta de dentes, para além de aplicações médicas e farmacêuticas. Por conseguinte, há uma necessidade crescente de desenvolver processos amigos do ambiente para a síntese de NPs sem utilizar produtos químicos tóxicos. Os métodos biológicos para a síntese de NPs utilizando microrganismos, enzimas e plantas ou extractos de plantas têm sido sugeridos como possíveis alternativas ecológicas aos métodos químicos e físicos (Mohanpuria et al., 2008).

As NPs são geralmente ≤ 100 nm em cada dimensão espacial e são normalmente sintetizadas utilizando estratégias top-down e bottom-up (Fendler, 1988). Os nanomateriais apresentam frequentemente propriedades físicas, químicas e biológicas únicas e consideravelmente alteradas em comparação com os seus homólogos à escala macro (Li et al., 2001). O ouro, a prata e o cobre têm sido utilizados principalmente para a síntese de dispersões estáveis de NPs, que são úteis em áreas como a fotografia, a catálise, a rotulagem biológica, a fotónica, a optoelectrónica e a deteção por dispersão Raman melhorada pela superfície (Smith et al., 2006; Kearns et al., 2006). Além disso, as NPs metálicas têm uma absorção de ressonância plasmónica de superfície na região do UV-visível. A banda de plasmon de superfície resulta da existência coerente de electrões livres na banda de condução devido ao pequeno tamanho das partículas (Tessier et al., 2000; Burda et al., 2005). Uma caraterística única destas partículas metálicas sintetizadas é o facto de uma alteração na absorvância ou no comprimento de onda dar uma medida do tamanho da partícula, da forma e das propriedades interpartículas (Knoll e Keilmann, 1999). Além disso, os nanomateriais funcionalizados, biocompatíveis e inertes têm aplicações potenciais no diagnóstico e na terapia do cancro. A administração de fármacos anticancerígenos a alvos específicos tem sido efectuada utilizando nanomateriais (Sengupta et al., 2005). De um modo geral, as NPs metálicas podem ser preparadas e estabilizadas por métodos físicos e químicos; a abordagem química, como a redução química, as técnicas electroquímicas e a redução fotoquímica, é a mais utilizada (Chen et al., 2001; Frattini et al., 2005). Estudos demonstraram que o tamanho, a morfologia, a estabilidade e as propriedades (químicas e físicas) das NPs metálicas são fortemente influenciados pelas condições experimentais, pela cinética de interação dos iões metálicos com os agentes redutores e pelos processos de adsorção do agente estabilizador com as NPs metálicas (Sengupta et al., 2005). Por conseguinte, a conceção de um método de síntese em que o tamanho, a morfologia, a estabilidade e as propriedades sejam controlados tornou-se um importante domínio de interesse (Wiley et al., 2007).

1.4.2. Nanopartículas de prata (AgNPs)

Nos últimos anos, os processos ecológicos para a síntese de NPs de Ag estão a evoluir para um ramo importante da nanotecnologia e continuam a ser uma ciência valiosa (Armendariz et al., 2002; Raveendran et al., 2006). As NPs de Ag são aplicáveis na purificação de água potável, na degradação de pesticidas e na eliminação de bactérias patogénicas para o homem (Kathiresan et al., 2009). As NPs tornaram-se mais importantes nos últimos anos e criaram um grande impacto nas áreas das ciências químicas, electrónicas e biológicas. Embora tais partículas possam ser sintetizadas por métodos físicos, químicos e biológicos nos últimos anos, entre eles o método biológico ganhou mais importância (Rao e Cheetham, 2001). Recentemente, a utilização de extractos de plantas actua como um agente eficaz contra vários microrganismos causadores de doenças, incluindo agentes patogénicos para as plantas. As partículas nanométricas orgânicas e inorgânicas estão a receber cada vez mais atenção em aplicações médicas devido à sua capacidade de funcionalização biológica (Xu et al., 2006). Com base numa maior eficácia, os medicamentos da nova era são NPs de polímeros, metais ou cerâmicas, que podem combater doenças como o cancro (Farokhzad et al., 2006) e matar agentes patogénicos humanos como as bactérias (Stoimenov et al., 2002; Sondi e Sondi, 2004; Morones et al., 2005). Atualmente, a síntese biológica de NPs mediada por plantas está a ganhar mais importância devido ao seu procedimento experimental simples e ao seu carácter ecológico (Agnihotri et al., 2009).

Estima-se que, de todas as nanopartículas presentes em produtos de consumo, as aplicações de NPs de Ag têm atualmente o maior grau de comercialização (www.nanotechproject.org/ consumerproducts, 2007). Surgiu uma vasta gama de aplicações de NPs Ag em produtos de consumo que vão desde a desinfeção de dispositivos médicos e electrodomésticos até ao tratamento de água (Vigneshwaran et al., 2007; Tolaymat et al., 2010). Além disso, as suas propriedades únicas de dispersão ótica por ressonância plasmónica permitem a utilização de NPs Ag em aplicações de bio-sensorização e imagiologia (Dubas et al., 2008; Schrand et al., 2008). Mais importante ainda, as AgNPs têm potencial para serem aplicadas no tratamento de doenças que exijam a manutenção da concentração de fármacos em circulação ou o direcionamento para células ou órgãos específicos (Moghimi et al., 2001; Panyam e Labhasetwar, 2003). Por exemplo, verificou-se que as Ag NPs interagem com o vírus HIV-1 e inibem a sua capacidade de se ligar a células hospedeiras in vitro (Elechiguerra et al., 2005).

As NPs de Ag apresentam uma ampla distribuição de tamanhos e morfologias com facetas altamente reactivas. O principal mecanismo através do qual as NPs Ag manifestam propriedades antibacterianas é a ancoragem e a penetração na parede celular bacteriana e a modulação da sinalização celular através da desfosforilação de substratos peptídicos-chave putativos em resíduos de tirosina. As Ag NPs actuam principalmente de três formas contra bactérias gram-negativas: (1) As NPs, principalmente na gama de 1-10 nm, ligam-se à superfície da membrana celular e perturbam drasticamente a sua função adequada, como a permeabilidade e a respiração; (2) são capazes de penetrar no interior das bactérias e causar mais danos, possivelmente interagindo com compostos contendo enxofre e fósforo, como o ADN; (3) as NPs libertam iões de prata, que têm uma contribuição adicional para o efeito bactericida das NPs Ag. Embora a lise das células bacterianas possa ser uma das razões para a propriedade antibacteriana observada, as nanopartículas também modulam o perfil de fosfotirosina dos peptídeos bacterianos putativos, o que poderia assim afetar a transdução de sinais bacterianos e inibir o crescimento dos organismos. O efeito depende da dose e é mais pronunciado contra os organismos gram-negativos do que contra os gram-positivos. O efeito antibacteriano das NPs é independente da aquisição de resistência pelas bactérias contra os antibióticos. No entanto, devem ser efectuados mais estudos para verificar se as bactérias desenvolvem resistência às NPs e para examinar a citotoxicidade das NPs em relação às células humanas antes de propor a sua utilização terapêutica (Braydich-Stolle et al., 2005). As NPs de Ag desempenham um papel importante no domínio da biologia e da medicina devido às suas atractivas propriedades físico-químicas. Há muito que se sabe que os produtos de prata têm fortes efeitos inibitórios e bactericidas, bem como um amplo espetro de actividades antimicrobianas, que têm sido utilizadas durante séculos para prevenir e tratar várias doenças, sobretudo infecções (Shankar et al., 2004).

1.4.4. Biossíntese de Ag NPs

A síntese verde de nanopartículas de prata (Ag NPs) envolve três etapas principais, que devem ser avaliadas com base nas perspectivas da química verde (Raveendran et al., 2003), incluindo

Seleção do meio solvente

Seleção de agente redutor ambientalmente benigno e

Seleção de substâncias não tóxicas para a estabilidade das NPs Ag

Com base nesta abordagem, analisámos os processos de síntese de NPs de Ag do tipo química verde. Esta cautela exige investigação adicional para determinar a forma de conceber, utilizar e eliminar com segurança produtos que contenham nanomateriais de prata sem criar novos riscos para os seres humanos ou para o ambiente.

A síntese de nanopartículas ecológicas tem sido conseguida utilizando extractos de plantas aceitáveis do ponto de vista ambiental e agentes redutores e de cobertura ecológicos. As plantas e os micróbios são atualmente utilizados para a síntese de nanopartículas. A utilização de plantas para a síntese de NPs é rápida, de baixo custo, amiga do ambiente e um método de passo único para o processo de biossíntese (Huang et al., 2007). A síntese ecológica proporciona um avanço em relação aos métodos químicos e físicos, uma vez que é económica, ecológica, facilmente escalável para síntese em grande escala e, além disso, não há necessidade de utilizar alta pressão, energia, temperatura e produtos químicos tóxicos. A utilização de plantas para a síntese de nanopartículas pode ser vantajosa em relação a outros processos biológicos, uma vez que elimina o elaborado processo de manutenção de culturas de células e pode também ser adequadamente ampliada para a síntese em grande escala de NPs num ambiente não assético (Veerasamy et al., 2010).

As NPs de Ag sintetizadas biologicamente podem ter muitas aplicações, como em revestimentos espectralmente selecionados para absorção de energia solar, como material de intercalação para baterias eléctricas, como receptores ópticos, como catalisadores em reacções químicas, como antimicrobianos e em bio-marcação (Duran et al., 2005). O desenvolvimento de processos ecológicos para a síntese de nanopartículas está a evoluir para um importante ramo da nanotecnologia (Raveendran et al., 2006). Relato recente de NPs de Ag sintetizadas utilizando extractos de folhas de Musa paradisiaca (Jayaseelan et al., 2011), Lawsonia inermis (Marimuthu et al., 2011), Eclipta prostrata (Rajakumar e Rahuman, 2011) e extrato de caule de Cissus quadrangularis (Santhoshkumar et al., 2012).

1.5. Impacto do tóxico no sistema reprodutor dos mosquitos

1.5.1. Sistema reprodutor dos mosquitos

Situa-se na parte posterior do abdómen do mosquito, na cavidade circulatória. Nas fêmeas, é constituído por dois ovários; cada um tem um pequeno tubo chamado oviduto. Os dois tubos fundem-se no abdómen para formar uma vagina, que tem uma abertura genital de saída situada na parte posterior do ânus. O ducto da bolsa, que recebe e armazena os espermatozóides, e o ducto adicional da glândula, que liberta um lubrificante chamado querlex para acumular o óvulo e formar a barca do óvulo, terminam na vagina. Os espermatozóides são armazenados na vesícula para serem utilizados pela fêmea. Nos machos, o sistema reprodutor é constituído por dois testículos, cada um com um ducto seminal que se funde para formar o ducto ejaculatório, que tem uma passagem de saída na abertura genital.

1.5.2. Toxicologia

A toxicologia é a ciência dos venenos, que são por vezes designados por toxinas ou tóxicos. O primeiro termo aplica-se a todos os venenos naturais produzidos por organismos, como a toxina botulínica produzida pela bactéria Clostridium botulinum. O segundo termo, mais genérico, inclui os tóxicos naturais e antropogénicos (produzidos pelo homem), como o diclorodifeniltricloroetano (DDT), que é talvez o tóxico mais conhecido.

Embora a toxina botulínica seja extremamente tóxica para os seres humanos e o DDT seja relativamente tóxico para os insectos, é importante reconhecer que praticamente qualquer elemento ou composto se tornará tóxico a uma determinada concentração. Por exemplo, o ferro, que é um componente essencial da hemoglobina, pode causar vómitos, lesões hepáticas e até a morte se for ingerido em excesso. Este conceito de toxicidade foi reconhecido há cinco séculos pelo alquimista e médico suíço Paracelsus (1493-1541), que afirmou que "a dose certa diferencia um veneno de um remédio". A quantidade de tóxico que um organismo recebe depende tanto da exposição como da dose. A exposição é uma medida da quantidade de um tóxico que entra em contacto com o organismo através do ar, da água, do solo e/ou dos alimentos. A dose é uma medida da quantidade de tóxico que entra em contacto com o órgão ou tecido alvo, no interior do organismo, onde exerce um efeito tóxico. A dose é largamente determinada pela eficácia com que o tóxico é absorvido, distribuído, metabolizado e eliminado pelo organismo.

1.5.3. Avaliação dos riscos

Outro aspeto importante da toxicologia é a avaliação do risco, que é uma caraterização dos potenciais efeitos adversos resultantes da exposição a um tóxico. O risco é a probabilidade de um resultado adverso. As etapas básicas envolvidas na avaliação do risco são a identificação da magnitude do perigo, que é o potencial de dano de um tóxico, e a consequente caraterização do risco, que é a probabilidade de ocorrência desse dano. Os resultados das avaliações de risco são utilizados regularmente pelas entidades reguladoras para estabelecer concentrações aceitáveis de substâncias tóxicas no ambiente.

1.5.4. Toxicologia ambiental

A toxicologia ambiental é um domínio relativamente recente que examina a ocorrência, a exposição e a forma dos tóxicos no ambiente, bem como os efeitos comparativos desses tóxicos em diferentes organismos. O DDT, por exemplo, é um pesticida que tem sido utilizado para controlar os mosquitos responsáveis pela propagação da malária. Embora este pesticida seja eficaz no combate à propagação da malária, verificou-se também que o DDT e os seus produtos químicos afectam a reprodução das aves, provocando o enfraquecimento da casca dos ovos, e de outros organismos (por exemplo, os jacarés), alterando o seu equilíbrio de estrogénios. Consequentemente, os estudos de toxicologia vão agora muito além dos ensaios de dose-resposta de tóxicos em organismos-alvo específicos, passando a analisar o seu impacto em ecossistemas inteiros.

1.6. Espectroscopia de infravermelhos com transformada de Fourier (FTIR)

A espetroscopia de infravermelhos com transformada de Fourier (FTIR) é uma técnica utilizada para obter um espetro de infravermelhos de absorção, emissão, fotocondutividade ou dispersão Raman de um sólido, líquido ou gás. Um espetrómetro FTIR recolhe simultaneamente dados espectrais numa vasta gama espetral. Isto confere uma vantagem significativa sobre um espetrómetro dispersivo que mede a intensidade numa gama estreita de comprimentos de onda de cada vez. O FTIR tornou os espectrómetros de infravermelhos dispersivos praticamente obsoletos (exceto, por vezes, no infravermelho próximo), abrindo novas aplicações da espetroscopia de infravermelhos.

O pico central encontra-se na posição ZPD ("Zero Path Difference" ou retardamento zero), onde a quantidade máxima de luz passa através do interferómetro para o detetor. O objetivo de qualquer espetroscopia de absorção (FTIR, espetroscopia ultravioleta-visível ("UV- Vis"), etc.) é medir a capacidade de uma amostra absorver luz em cada comprimento de onda. A forma mais simples de o fazer, a técnica de "espetroscopia dispersiva", consiste em fazer incidir um feixe de luz monocromática sobre uma amostra, medir a quantidade de luz absorvida e repetir a operação para cada comprimento de onda diferente.

A FTIR é uma forma menos intuitiva de obter a mesma informação. Em vez de fazer incidir um feixe de luz monocromático sobre a amostra, esta técnica faz incidir um feixe que contém muitas frequências de luz de uma só vez e mede a quantidade desse feixe que é absorvida pela amostra. De seguida, o feixe é modificado para conter uma combinação diferente de frequências, obtendo-se um segundo ponto de dados. Este processo é repetido várias vezes. Posteriormente, um computador pega em todos estes dados e trabalha no sentido inverso para inferir qual é a absorção em cada comprimento de onda.

O feixe descrito acima é gerado a partir de uma fonte de luz de banda larga - uma fonte que contém todo o espetro de comprimentos de onda a medir. A luz incide num interferómetro de Michelson - uma determinada configuração de espelhos, um dos quais é movido por um motor. À medida que este espelho se move, cada comprimento de onda da luz no feixe é periodicamente bloqueado, transmitido, bloqueado e transmitido pelo interferómetro, devido à interferência de ondas. Os diferentes comprimentos de onda são modulados a taxas diferentes, de modo que, em cada momento, o feixe que sai do interferómetro tem um espetro diferente.

Como mencionado, é necessário um processamento informático para transformar os dados brutos (absorção de luz para cada posição do espelho) no resultado desejado (absorção de luz para cada comprimento de onda). O processamento necessário acaba por ser um algoritmo comum chamado transformada de Fourier (daí o nome "espetroscopia por transformada de Fourier"). Os dados brutos são por vezes designados por "interferograma".

O primeiro espetrofotómetro de baixo custo capaz de registar um espetro de infravermelhos foi o Perkin-Elmer Infracord, produzido em 1957 (Griffiths e de Hasseth, 2007). Este instrumento cobria a gama de comprimentos de onda de 2,5 gm a 15 gm (gama de números de onda de 4000 cm-1 a 660 cm-1). O limite inferior do comprimento de onda foi escolhido para abranger a maior frequência de vibração conhecida devida a uma vibração molecular fundamental. O limite superior foi imposto pelo facto de o elemento dispersor ser um prisma feito de um único cristal de sal-gema (cloreto de sódio), que se torna opaco em comprimentos de onda superiores a cerca de 15 gm; esta região espetral ficou conhecida como a região do sal-gema. Os instrumentos posteriores utilizaram prismas de brometo de potássio para alargar a gama a 25 gm (400 cm-1) e de iodeto de césio a 50 gm (200 cm-1). A região para além de 50 ^m (200 cm-1) ficou conhecida como região do infravermelho distante; em comprimentos de onda muito longos, funde-se com a região das micro-ondas. As medições no infravermelho distante exigiram o desenvolvimento de grelhas de difração reguladas com precisão para substituir os prismas como elementos de dispersão, uma vez que os cristais de sal são opacos nesta região. Devido à baixa energia da radiação, eram necessários detectores mais sensíveis do que o bolómetro. Um desses detectores foi o detetor de Golay. Uma questão adicional é a necessidade de excluir o vapor de água atmosférico, porque o vapor de água tem um espetro rotacional puro e intenso nesta região. Os espectrofotómetros de infravermelho distante eram pesados, lentos e caros. As vantagens do interferómetro de Michelson eram bem conhecidas, mas foi necessário ultrapassar dificuldades técnicas consideráveis antes de se poder construir um instrumento comercial. Além disso, era necessário um computador eletrónico para realizar a transformada de Fourier necessária, o que só se tornou viável com o advento dos minicomputadores, como o PDP-8, que ficou disponível em 1965.

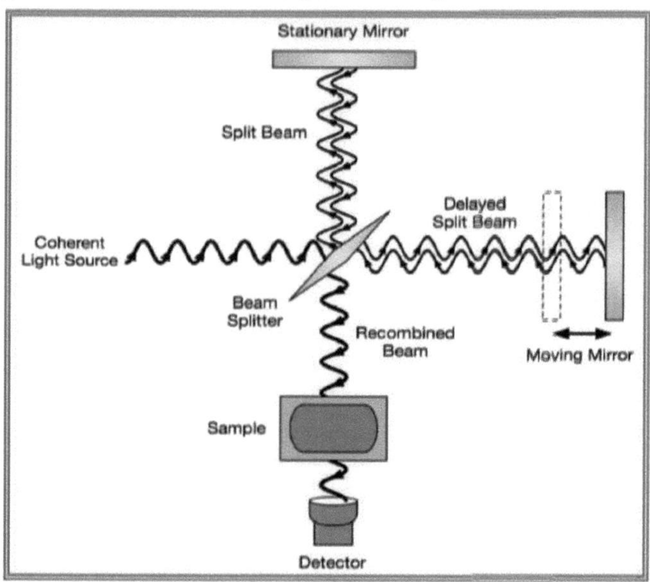

Fig.1. *Diagrama esquemático de um interferómetro de Michelson, configurado para FTIR*

Num interferómetro de Michelson adaptado para FTIR (Fig. 1), a luz proveniente da fonte policromática de infravermelhos, aproximadamente um radiador de corpo negro, é colimada e dirigida para um divisor de feixe. Idealmente, 50% da luz é reflectida para o espelho fixo e 50% é transmitida para o espelho móvel. A luz é reflectida dos dois espelhos de volta para o divisor de feixe e (idealmente) 50% da luz original passa para o compartimento da amostra. Aí, a luz é focada na amostra. Ao sair do compartimento da amostra, a luz é novamente focada no detetor. A diferença no comprimento do percurso ótico entre os dois braços do interferómetro é conhecida como retardamento. Obtém-se um interferograma fazendo variar o retardamento e registando o sinal do detetor para vários valores do retardamento. A forma do interferograma quando não está presente qualquer amostra depende de factores como a variação da intensidade da fonte e a eficiência do divisor com o comprimento de onda. A forma do interferograma quando não há amostra depende de factores como a variação da intensidade da fonte e a eficiência do divisor com o comprimento de onda. A posição do atraso zero é determinada com exatidão encontrando o ponto de intensidade máxima no interferograma. Quando está presente uma amostra, o interferograma de fundo é modulado pela presença de bandas de absorção na amostra.

O interferograma pertence ao domínio do comprimento. A transformada de Fourier (FT) inverte a dimensão, pelo que a FT do interferograma pertence ao domínio recíproco do comprimento, que é o domínio do número de onda. A resolução espetral em números de onda por cm é igual ao recíproco do retardamento máximo em cm. Assim, obtém-se uma resolução de 4 cm-1 se o atraso máximo for de 0,25 cm, o que é típico dos instrumentos FTIR mais baratos. É possível obter uma resolução muito mais elevada aumentando a retardação máxima. Isto não é fácil, pois o espelho em movimento deve deslocar-se numa linha reta quase perfeita. A utilização de espelhos cubo-canto em vez de espelhos planos é útil, uma vez que um raio que sai de um espelho cubo-canto é paralelo ao raio que entra, independentemente da orientação do espelho em relação a eixos perpendiculares ao eixo do feixe de luz. Connes mediu, em 1966, a temperatura da atmosfera de Vénus registando o espetro de vibração-rotação do CO2 venusiano com uma resolução de 0,1 cm-1 (White, 1990). O próprio Michelson tentou resolver a banda de emissão Ha do hidrogénio no espetro de um átomo de hidrogénio nas suas duas componentes utilizando o seu interferómetro (Griffiths e de Hasseth, 2007). p25 Um espetrómetro com uma resolução de 0,001 cm-1 está agora disponível comercialmente. A vantagem do rendimento é importante para a FTIR de alta resolução, uma vez que o monocromador num instrumento dispersivo com a mesma resolução teria fendas de entrada e saída muito estreitas.

O FTIR pode ser utilizado em todas as aplicações em que, no passado, era utilizado um espetrómetro dispersivo. Além disso, as vantagens do multiplex e do rendimento abriram novos domínios de aplicação. GC-IR (cromatografia gasosa-espetrometria de infravermelhos). Um cromatógrafo de gás pode ser utilizado para separar os componentes de uma mistura. As fracções que contêm componentes individuais são encaminhadas para um espetrómetro FTIR, para fornecer o espetro de infravermelhos da amostra. Esta técnica é complementar à GC-MS (cromatografia gasosa-espetrometria de massa). O método GC-IR é particularmente útil para identificar isómeros, que, pela sua natureza, têm massas idênticas. A chave para o sucesso da utilização do GC-IR é o facto de o interferograma poder ser captado num período de tempo muito curto, normalmente inferior a 1 segundo. O FTIR foi também aplicado à análise de fracções de cromatografia líquida (Banwell e McCash, 1994).TG-IR (termogravimetria-espetrometria de infravermelhos) Os espectros de IV dos gases que evoluem durante a decomposição térmica são obtidos em função da temperatura (Nishikida et al., 1995).Microamostras. Amostras minúsculas, como as utilizadas em análises forenses, podem ser examinadas com a ajuda de um microscópio de infravermelhos na câmara de amostragem. Pode obter-se uma imagem da superfície por varrimento (Beauchaine et al., 1988). Outro exemplo é a utilização de FTIR para caraterizar materiais artísticos em pinturas de antigos mestres (Prati et al., 2010). Espectros de emissão. Em vez de registar o espetro da luz transmitida através da amostra, o espetrómetro FTIR pode ser utilizado para obter o espetro da luz emitida pela amostra. Esta emissão pode ser induzida por vários processos, sendo os mais comuns a luminescência e a dispersão Raman. São necessárias poucas modificações num espetrómetro FTIR de absorção para registar os espectros de emissão, pelo que muitos espectrómetros FTIR comerciais combinam os modos de absorção e emissão/Raman (Galt et al., 2005). Espectros de fotocorrente. Este modo utiliza um espetrómetro FTIR de absorção padrão. A amostra estudada é colocada em vez do detetor FTIR e a sua fotocorrente, induzida pela fonte de banda larga do espetrómetro, é utilizada para registar o interferrograma, que é depois convertido no espetro de fotocondutividade da amostra (Poortmans e Arkhipov, 2006).

1.7. Microscópio eletrónico de varrimento (SEM)

Um microscópio eletrónico de varrimento (MEV) é um tipo de microscópio eletrónico que produz imagens de uma amostra, percorrendo-a com um feixe focalizado de electrões. Os electrões interagem com os electrões da amostra, produzindo vários sinais que podem ser detectados e que contêm informações sobre a topografia e a composição da superfície da amostra. O feixe de electrões é geralmente varrido num padrão de varrimento raster, e a posição do feixe é combinada com o sinal detectado para produzir uma imagem. O MEV pode atingir uma resolução superior a 1 nanómetro; as amostras podem ser observadas em alto vácuo, baixo vácuo e em condições ambientais.

O microscópio eletrónico de varrimento (SEM) utiliza um feixe focalizado de electrões de alta energia para gerar uma variedade de sinais na superfície de amostras sólidas. Os sinais que derivam das interações eletrão-amostra revelam informações sobre a amostra, incluindo a morfologia externa (textura), a composição química, a estrutura cristalina e a orientação dos materiais que constituem a amostra. Na maioria das aplicações, os dados são recolhidos numa área selecionada da superfície da amostra, sendo gerada uma imagem bidimensional que apresenta variações espaciais destas propriedades. As áreas com uma largura de cerca de 1 cm a 5 microns podem ser visualizadas num modo de varrimento utilizando técnicas convencionais de SEM (ampliação de 20X a cerca de 30.000X, resolução espacial de 50 a 100 nm). O SEM também é capaz de efetuar análises de pontos selecionados na amostra; esta abordagem é especialmente útil na determinação qualitativa ou semi-quantitativa de composições químicas (utilizando EDS), estrutura cristalina e orientações cristalinas (utilizando EBSD). A conceção e a função do SEM são muito semelhantes às do EPMA e existe uma considerável sobreposição de capacidades entre os dois instrumentos.

O MEV é utilizado regularmente para gerar imagens de alta resolução das formas dos objectos (SEI) e para mostrar variações espaciais nas composições químicas: 1) aquisição de mapas elementares ou análises químicas pontuais utilizando EDS, 2) discriminação de fases com base no número atómico médio (normalmente relacionado com a densidade relativa) utilizando BSE, e 3) mapas de composição com base em diferenças nos "activadores" de elementos vestigiais (normalmente metais de transição e elementos de terras raras) utilizando catodoluminescência. O MEV é também amplamente utilizado para identificar fases com base na análise química qualitativa e/ou na estrutura cristalina. A medição precisa de caraterísticas e objectos muito pequenos, até 50 nm de dimensão, também é realizada com o MEV. As imagens de electrões retrodifundidos (BSE) podem ser utilizadas para uma rápida discriminação de fases em amostras multifásicas. Os SEMs equipados com detectores de electrões retrodispersos difractados (EBSD) podem ser utilizados para examinar a orientação microfabricada e cristalográfica em muitos materiais.

1.8. Microscopia Eletrónica de Transmissão (TEM)

As imagens TEM são formadas utilizando electrões transmitidos (em vez da luz visível) que podem produzir detalhes de ampliação até 1.000.000X com uma resolução melhor que 10 Ao. As imagens podem ser resolvidas sobre um ecrã fluorescente ou uma película fotográfica. Além disso, a análise dos raios X produzidos pela interação entre os electrões acelerados e a amostra permite determinar a composição elementar da amostra com elevada resolução espacial.

Os TEMs são capazes de obter imagens com uma resolução significativamente mais elevada do que os microscópios de luz, devido ao pequeno comprimento de onda de Broglie dos electrões. Isto permite ao utilizador do instrumento examinar detalhes finos - mesmo tão pequenos como uma única coluna de átomos, que é dezenas de milhares de vezes mais pequena do que o objeto mais pequeno resolúvel num microscópio de luz. O TEM constitui um método de análise importante numa série de domínios científicos, tanto nas ciências físicas como nas biológicas. O TEM tem aplicação na investigação do cancro, na virologia, na ciência dos materiais, bem como na investigação da poluição, das nanotecnologias e dos semicondutores.

Em ampliações menores, o contraste da imagem TEM é devido à absorção de electrões no material, devido à espessura e composição do material. Em ampliações maiores, as interações de ondas complexas modulam a intensidade da imagem, exigindo uma análise especializada das imagens observadas. Os modos alternativos de utilização permitem que o TEM observe modulações na identidade química, na orientação dos cristais, na estrutura eletrónica e na mudança de fase dos electrões induzida pela amostra, bem como a imagem regular baseada na absorção.

1.9. O programa de estudos (Objectivos)

O objetivo deste estudo foi determinar uma nova abordagem de síntese mediada por plantas de nano partículas de prata utilizando o extrato aquoso de folhas de V. rosea contra A. stephensi e C. quinquefasciatus com larvicida, análise bioquímica e estudo histológico.

1.9.1. Objectivos específicos

Para a preparação do extrato aquoso da planta utilizando folhas frescas de V. rosea

Biossíntese de nanopartículas de prata utilizando extractos aquosos de folhas de V. rosea.

Estudar os efeitos de várias concentrações do extrato aquoso de folhas de V. rosea contra A. stephensi e C.quinquefasciatus.

As nanopartículas de prata biossintetizadas foram utilizadas para explorar os efeitos de várias concentrações nas actividades larvicidas contra A. stephensi e C.quinquefasciatus.

As AgNPs sintetizadas foram caracterizadas e confirmadas utilizando o espetro UV-vis, a microscopia eletrónica de varrimento (SEM), a difração de raios X (XRD) e o infravermelho com transformada de Fourier (FTIR), e a análise microscópica eletrónica de transmissão (TEM) para confirmar a biossíntese e a caraterização das nanopartículas.

As análises bioquímicas de homogenatos de corpo inteiro de larvas de quarto instar de A. stephensi e C. quinquefasciatus foram feitas para estimar a atividade da glicose total, do glicogénio, das proteínas, dos aminoácidos livres e dos lípidos.

Análises quantitativas de A. stephensi e C. quinquefasciatus para estimar o nível de glucose total

Análises quantitativas de A. stephensi e C. quinquefasciatus para estimar o nível de glicogénio total

Análises quantitativas de A. stephensi e C. quinquefasciatus para estimar o nível total de proteínas

Análises quantitativas de A. stephensi e C. quinquefasciatus para estimar o nível de aminoácidos totais

Análises quantitativas de A. stephensi e C. quinquefasciatus para estimar o nível de lípidos totais

Estudar os efeitos da histologia do corpo adiposo, das regiões intestinais e dos órgãos reprodutores das larvas de A. stephensi e C. quinquefasciatus

Capítulo 2

Biologia de Anopheles stephensi e Culex quinquefasciatus

2.1. Biologia das larvas de Anopheles

T género Anopheles pertence à família Culicidae da ordem Diptera. Os Culicidae estão subdivididos em 2 subfamílias: Culicinae e Anophelinae. Esta última subdivide-se ainda em 3 géneros, um dos quais é Anopheles (Beaty e Marquardt, 1996). O Anopheles tem um ciclo de desenvolvimento semelhante ao da maioria dos outros mosquitos. No espaço de 2-3 dias após uma refeição de sangue, a fêmea produz entre 50 e 200 ovos. Os ovos são postos diretamente na água. As larvas eclodem no espaço de 2-3 dias e alimentam-se por filtração e recolha de microrganismos e detritos da superfície da água ou do fundo (Beaty e Marquardt, 1996). As larvas de Anopheles desenvolvem-se em 4 instares. Podem ser reconhecidas pela sua posição caraterística na água. Ao contrário das larvas de outros géneros, o seu corpo fica paralelo à superfície da água quando estão em repouso (Snodgrass, 1959). As larvas têm uma cápsula esclerotada na cabeça, um tórax e 9 apêndices abdominais. Dorsalmente, na extremidade do abdómen, possuem um espiráculo que termina num tubo, o sifão (Fig. 2a). Na larva de Anopheles, o sifão é mais curto do que nas larvas de outros mosquitos. A extremidade do sifão com os espiráculos fica exposta ao ar para a respiração. O espiráculo no abdómen é rodeado por 2 lóbulos laterais. Estes são os lóbulos espiraculares que se prendem firmemente quando a larva submerge (Snodgrass, 1959; Beaty e Marquardt, 1996) (Fig. 2b e 2c). As larvas de quarto instar desenvolvem-se numa fase de pupa aquática e móvel que demora 2-4 dias a completar a metamorfose em adulto. Tanto as pupas como os adultos apresentam dimorfismo sexual. Os machos têm peças bucais adaptadas para se alimentarem de fontes líquidas de açúcar e possuem antenas longas, semelhantes a penas, que são utilizadas para detetar as fêmeas para acasalamento. As fêmeas têm peças bucais adaptadas para se alimentarem de sangue (Beaty e Marquardt, 1996).

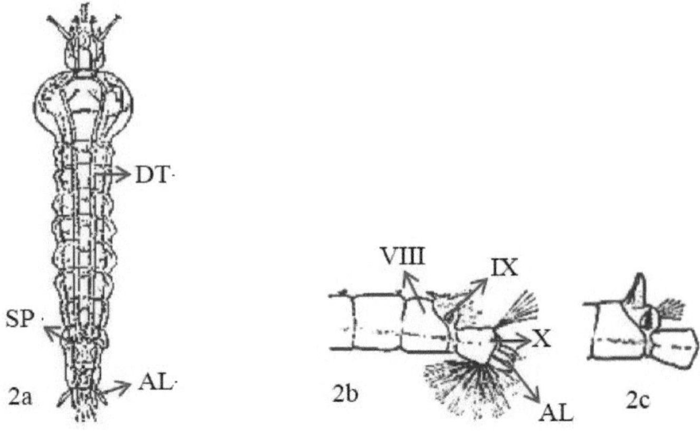

Fig.2. *Larva de Anopheles*

(a) Sistema traqueal, dorsal. SP=spiráculo, AL=lóbulos anais, DT=tronco traqueal dorsal.

(b) Extremidade do abdómen de Anopheles, aparelho espiral aberto. VIII-X=segmentos abdominais.

(c) Extremidade do abdómen de Anopheles, aparelho espiral fechado (segundo Snodgrass, 1959).

2.2. Habitat das larvas de Anopheles

As larvas de Anopheles ocorrem numa grande variedade de habitats. Em comparação com outros géneros de mosquitos, a maioria das espécies de Anopheles encontra-se em águas relativamente não poluídas. Os habitats comuns dos anophelinos incluem margens de lagoas, lagos ou riachos de fluxo lento, águas temporárias produzidas pela chuva, inundações de rios, pequenas depressões inundadas no solo e valas pouco profundas, etc. (Fig. 3a, b e c) (Mutuku et al., 2006; Takken e Lindsday, 2003; Beaty e Marquardt, 1996). Muitas espécies, como por exemplo A. stephensi, também se encontram em habitats aquáticos criados pelo homem, como por exemplo campos agrícolas inundados, valas de irrigação, rastos de pneus, contentores, tanques, caleiras de telhados, estaleiros de construção, refrigeradores de salas, caixas de contadores de água com fugas e câmaras de válvulas (Batre et al., 2006; Beaty e Marquardt, 1996).

Fig. 3. *Tipos de habitat de A. stephensi que foram amostrados numa aldeia rural no distrito de*

Cuddalore

(a) Agregação de pegadas de cascos de bovinos.

(b) Piscina natural de chuva.

(c) Canal de drenagem.

2.3. Ciclo de vida dos mosquitos *Anopheles*

A figura 4 mostra o ciclo de vida dos mosquitos Anopheles. A fêmea do Anopheles, depois de acasalar e se alimentar de sangue, põe cerca de 50-200 pequenos ovos (1 mm de comprimento) castanhos ou pretos em forma de barco na superfície da água. Os ovos de Anopheles são brancos quando acabados de pôr, tornam-se castanhos e depois pretos, respetivamente, à medida que amadurecem. Os ovos viáveis eclodem em larvas no espaço de 2-3 dias nas regiões tropicais, mas nas regiões temperadas mais frias podem só eclodir passados 4-7 dias ou mais (Service, 1980). As larvas, quando se encontram à superfície da água, ficam paralelas à superfície para permitir a entrada de ar e a alimentação à superfície.

A temperaturas médias da água de 25-28°C, as larvas sofrem quatro mudas num período de 6-9 dias para atingir a fase de pupa, que dura 2-3 dias, dependendo da temperatura. Assim, a duração mínima de uma geração pode ser de 10-11 dias. As pupas têm trompetes respiratórios que são curtos e largos distalmente, parecendo assim cónicos. A caraterística mais distintiva das pupas de Anopheles é a presença de espinhos curtos, semelhantes a cavilhas, situados lateralmente perto das margens distais dos segmentos abdominais.

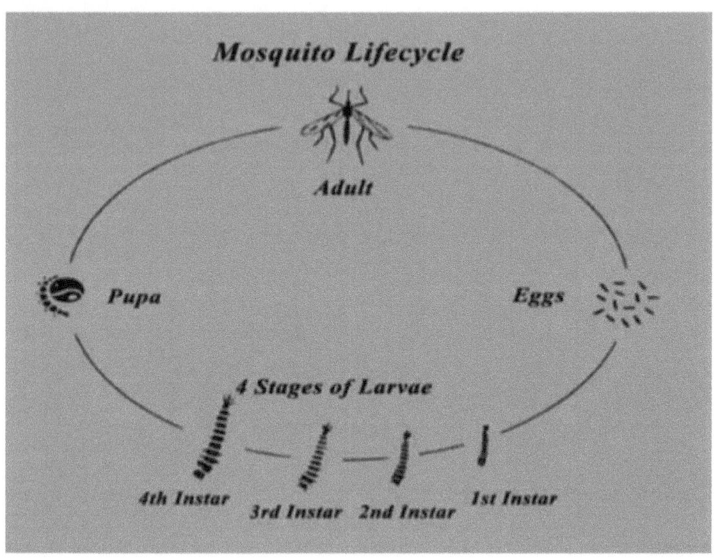

Fig. 4. *Ilustração esquemática do ciclo de vida dos Anopheles vectores da malária (segundo Service, 1980).*

A pele da pupa divide-se dorsalmente e o adulto emerge. São necessários movimentos cuidadosos para evitar que o mosquito adulto caia para o lado e fique preso na película superficial. Este perigo é particularmente agudo quando o adulto já saiu em grande parte da exúvia pupal, mas os apêndices terminais ainda não estão livres. Por fim, as patas ficam livres e estendem-se sobre a superfície da água, dando-lhe estabilidade. O adulto recém-emergido infla as asas, separa e limpa os apêndices da cabeça antes de voar (Kettle, 1992). Quando a descendência de um lote de ovos emerge como adultos, os machos emergem primeiro. Os machos ficam prontos para o acasalamento 24 horas após a emergência, de modo que, quando as fêmeas emergem, os machos são competentes para o acasalamento. O acasalamento é muitas vezes precedido ou acompanhado de uma enxameação em que os machos se associam sobre um marcador e voam de uma determinada forma. A maioria dos mosquitos machos morre após o acasalamento. As fêmeas necessitam de uma refeição de sangue para o desenvolvimento dos ovários, seguido da maturação e oviposição de um lote de ovos (Gillies, 1955).

A percentagem de ovos que formam os adultos é desconhecida, mas existe normalmente uma grande mortalidade, especialmente entre as larvas, devido a predadores, doenças, secas e enxurradas. A perda de larvas devido à predação é um dos factores que reduzem o número de larvas que se transformam em adultos. Reconhece-se que a predação de larvas em charcos já estabelecidos é um fator importante para limitar o seu número. Nalguns casos, o Culex tigripes coloniza os mesmos charcos que o A. gambiae, provocando uma redução drástica da densidade larvar (Haddow, 1942). Em poços permanentes na Tanzânia, a pressão de predação foi tão intensa que poucas larvas sobreviveram até à pupa (Christie, 1958). É possível que as mesmas pressões existam noutros tipos de águas permanentes, limitando assim a sua produtividade para A. gambiae. É de notar que a agilidade frequentemente demonstrada pelas larvas de A. gambiae, em contraste com espécies como A. funestus, tenderia a aumentar a sua vulnerabilidade ao ataque de predadores (Service, 1980).

2.4. Biologia de Culex quinquefasciatus

O C. quinquefasciatus pode ser encontrado nas regiões tropicais e subtropicais e também se encontra distribuído nas regiões temperadas dos hemisférios norte e sul (Sucharit et al., 1989). Este mosquito urbano está intimamente associado aos seres humanos, reproduzindo-se perto das habitações e alimentando-se delas, uma vez que necessita de uma refeição de sangue para se reproduzir. As suas larvas podem ser encontradas em águas estagnadas, obstruídas e poluídas, contendo um elevado grau de matéria orgânica, como as águas de esgotos (Pantuwatana et al., 1989; Yang et al., 1997, Abu Hassan e Yap, 1999), como fonte de alimento (Ramalingam et al., 1968), perto de habitações humanas.

Este mosquito deposita os seus ovos em jangadas na superfície da água, em barris de chuva, tanques, cisternas, bacias de retenção e outras pequenas colecções de água (Herms e James, 1996). Os ovos são geralmente castanhos, compridos e cilíndricos, colocados na vertical na superfície da água e colocados juntos para formar uma jangada de ovos que pode conter até 300 ovos (Service, 1996). Os ovos demoram 27 horas a emergir para formar larvas de primeiro instar (Sulaiman, 1990).

As larvas têm um sifão longo e estreito no oitavo segmento abdominal e várias escovas ventrais no sifão e alimentam-se de microrganismos abaixo da superfície da água (Abu Hassan e Yap, 1999). Em condições quentes de verão, o seu desenvolvimento completo demora cerca de 10 a 14 dias; a fase de ovo 24 a 36 horas, a larva cerca de 7 a 10 dias e a pupa cerca de 2 dias (Horsfall, 1955). O aumento da temperatura diária também aumenta a produção de ovos (Hayes e Downs, 1980). Este facto foi confirmado por Reisen et al. (1990), que mostraram que a idade gonotrófica na Birmânia era de 2,75 dias, enquanto na Califórnia era de 4 dias.

No Paquistão, onde a temperatura é mais elevada, o mosquito só põe ovos aos 5 dias de idade (Suleman e Shirin, 1981). Em contrapartida, na Flórida, Estados Unidos, o mosquito põe ovos aos 6-9 dias de idade (Weidhaas et al., 1971). A sua história de vida é muito influenciada pela temperatura.

As larvas passam por quatro fases de desenvolvimento num período de 7-8 dias. Alimentam-se de microrganismos abaixo da superfície da água. Qualquer inseticida que flutue na água será ineficaz contra as larvas. A maioria dos adultos é sempre de cor baça. As fêmeas entram facilmente nas casas à noite e picam o homem de preferência a outros mamíferos (Sirivanakarn, 1976; Yap et al., 2000). Após a refeição de sangue, normalmente descansam dentro de casa ou ao ar livre (Abu Hassan e Yap, 1999). O ciclo de vida continua depois de terem posto os seus ovos.

2.5. *Habitat das larvas de Culex*

As larvas de Culex ocorreram numa grande variedade de habitats, água permanente, charcos temporários, valas de drenagem, valas sépticas, bacias de recolha, contentores artificiais e buracos de árvores (Fig.5 a, b, c e d). Os locais de água permanente consistem em habitats que permanecem inundados durante um longo período de tempo. Exemplos destes locais são os lagos, rios, lagoas de retenção, pântanos, etc. Estas zonas são capazes de produzir grandes quantidades de várias espécies de mosquitos, como A. crucians, A. quadrimaculatus, Coquilletidia perturbans, C. quinquefasciatus e C. restuans.

As águas de cheias temporárias são águas paradas que podem existir durante curtos períodos de tempo depois de uma cheia ou de uma chuva. Exemplos deste tipo de habitat incluem terrenos de fundo, charcos em bosques, valas (zonas baixas), valas de drenagem, sulcos de pneus e depressões. Nestes locais, pode ser produzido um grande número de mosquitos num curto período de tempo. Os recipientes artificiais/buracos de árvores são considerados um dos problemas mais problemáticos enfrentados por uma operação de controlo de mosquitos. Os recipientes artificiais podem ser encontrados em todo o lado e produzem mosquitos em quase todos os quintais. Qualquer coisa que contenha água pode produzir espécies de recipientes artificiais. Tentativas velhas, latas, garrafas, baldes, copos, tigelas de água para animais de estimação, banheiras para pássaros, calhas e piscinas são alguns dos recipientes artificiais mais comuns. Deste tipo de habitat surge uma das principais espécies de pragas - o Ae. albopictus (vulgarmente designado por mosquito tigre asiático). Outras espécies que ocorrem em recipientes artificiais incluem C. pipiens, C. restuans, C. erraticus e C. quinquefasciatus.

Os habitats de águas sépticas ocorrem quando as zonas de retenção de água ficam poluídas com elevados níveis de matéria orgânica. Exemplos deste tipo de habitat são as lagoas de oxidação, as valas com descarga de esgotos ou o escoamento de plantas ou animais em decomposição. A água séptica pode frequentemente produzir o maior número de mosquitos por unidade de área. C. quinquefasciatus e C. pipiens são frequentemente as espécies mais comuns encontradas neste habitat e são também o principal vetor do vírus do Nilo Ocidental nos Estados Unidos.

As bacias de recolha ocorrem em todas as zonas urbanas e são capazes de reproduzir numerosas espécies de mosquitos. A principal preocupação nestes habitats é o C. quinquefasciatus e o C. pipiens, os principais vectores do vírus do Nilo Ocidental. Embora todas as bacias de retenção possam conter água em algum momento, nem todas as bacias de retenção são locais de reprodução prolífica de mosquitos. Uma drenagem incorrecta, uma conceção deficiente e a quantidade de precipitação podem contribuir para o número de mosquitos produzidos nas bacias de retenção.

Fig.5. *Tipos de habitat mostrados para as larvas de Culex quinquefasciatus*

a. Depressões;

b. Lagoas de retenção;

c. Piscinas na floresta;

29

2.6. Ciclo de vida dos mosquitos Culex

As fêmeas grávidas de C. quinquefasciatus voam durante a noite para águas paradas ricas em nutrientes, onde depositam os seus ovos. Ovipositam em águas que vão desde zonas de águas residuais a banheiras de pássaros, pneus velhos ou qualquer recipiente que contenha água. Se a água se evaporar antes de os ovos eclodirem ou de as larvas completarem o seu ciclo de vida (Fig.6), morrem (Mosquito Information website 2009).

Ovos: Os ovos de C. quinquefasciatus, comuns ao género Culex, são depositados em jangadas ovais frouxamente cimentadas, com 100 ou mais ovos numa jangada, que normalmente eclodem 24 a 30 horas após a oviposição (Bates, 1949).

Larvas: A cabeça das larvas é curta e robusta, tornando-se mais escura em direção à base. As escovas bucais têm longos filamentos amarelos que são usados para filtrar materiais orgânicos. O abdómen é constituído por oito segmentos, o sifão e a sela. Cada segmento tem um padrão único de cerdas (Sirivanakarn e White, 1978). O sifão encontra-se no lado dorsal do abdómen e, em C. quinquefasciatus, o sifão é quatro vezes mais comprido do que largo, com vários tufos de cerdas (Darsie e Morris, 2000). A sela tem a forma de um barril e situa-se no lado ventral do abdómen, com quatro longas papilas anais que sobressaem da extremidade posterior (Sirivanakarn e White 1978).

Pupas: À semelhança de outras espécies de mosquitos, as pupas de C.quinquefasciatus têm forma de vírgula e são constituídas por uma cabeça e um tórax fundidos (cefalotórax e abdómen). A cor do cefalotórax varia consoante o habitat e escurece na parte posterior. O trompete, utilizado para a respiração, é um tubo que se alarga e se torna mais claro à medida que se afasta do corpo. O abdómen tem oito segmentos. Os primeiros quatro segmentos são os mais escuros, e a cor clareia em direção à parte posterior. A pá, no ápice do abdómen, é translúcida e robusta com duas pequenas cerdas na extremidade posterior (Sirivanakarn e White 1978).

Adultos: Os adultos de C. quinquefasciatus variam de 3,96 a 4,25 mm de comprimento (Lima et al., 2003). O mosquito é castanho, com a probóscide, o tórax, as asas e os tarsos mais escuros do que o resto do corpo. A cabeça é castanha clara com a parte mais clara no centro. As antenas e a probóscide têm aproximadamente o mesmo comprimento, mas em alguns casos as antenas são ligeiramente mais curtas do que a probóscide. O flagelo tem treze segmentos que têm poucas ou nenhumas escamas (Sirivanakarn et al., 1981). As escamas do tórax são estreitas e curvas. O abdómen tem bandas pálidas, estreitas e arredondadas no lado basal de cada tergito. As faixas mal tocam as manchas basolaterais, assumindo uma forma de meia-lua (Darsie e Ward,

2005).

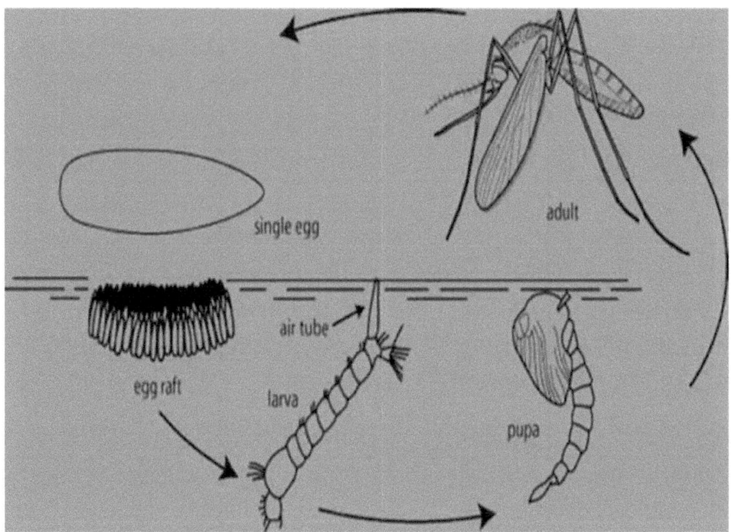

Fig. 6. Ciclo de vida do mosquito C. quinquefasciatus

Capítulo 3

Materiais e métodos

3.1. Preparação de Ag NPs (síntese verde)

3.1.1. Materiais

As folhas frescas totalmente desenvolvidas de V. rosea (Apocynaceae) (Fig.7) foram colhidas no distrito de Cuddalore, Tamilnadu, Índia. Foi autenticada por um taxonomista vegetal do Departamento de Botânica da Universidade de Annamalai. O espécime de referência foi depositado no laboratório de Zoologia da Universidade de Annamalai. O nitrato de prata (AgNO3), de grau analítico, foi adquirido à Qualigens Fine Chemicals, Mumbai, Índia (99,9% de pureza).

3.1.2. Preparação do extrato aquoso da folha de V. rosea

O extrato aquoso foi preparado misturando 50 g de pó de folha seca com 500 mL de água (água destilada fervida e arrefecida) com agitação constante num agitador magnético (Minjas e Sarda 1986). A suspensão de pó de folhas secas em água foi deixada durante 3 h, filtrada através de papel de filtro Whatman n.º 1, e o filtrado foi armazenado num frasco âmbar hermético a 10°C e utilizado no prazo de uma semana.

3.1.3. Síntese de nanopartículas de prata pelo extrato de folhas de V. rosea

As folhas de V. rosea foram lavadas cuidadosamente em água da torneira durante 10 minutos para remover as partículas de pó e enxaguadas brevemente em água desionizada. A solução de caldo de folhas da planta foi preparada colocando 10 g de folhas lavadas e finamente cortadas num Erlenmeyer de 250 ml juntamente com 100 ml de água desionizada e fervendo a mistura a 60o C durante 5 minutos. Após a ebulição, a solução foi decantada e 12 mL deste caldo foram adicionados a 88 mL de solução aquosa de AgNO3 1mM e a solução resultante tornou-se de cor castanha. Este extrato foi filtrado através de malha de nylon (Spectrum), seguido de filtro hidrofílico Millipore (0,22µm) e utilizado para outras experiências (Parashar et al. 2009). Também foi mantida uma configuração de controlo sem extrato de V. rosea e a intensidade da cor dos extractos foi medida a 420 nm para diferentes intervalos (3, 6, 9, 12, 15 minutos, respetivamente).

3.2. Estudos de toxicidade

3.2.1. Criação de vectores

As larvas de A. stephensi e de C. quinquefasciatus foram colhidas numa lagoa e numa zona de águas estagnadas de Melvisharam (12° 56' 23" N, 79° 14' 23" E) e identificadas pelo Dr. V. Rajagopal, entomologista sénior, Zonal Entomological Research Centre, Vellore (12° 55' 48" N, 79° 7' 48" E), Tamil Nadu, para iniciar a colónia, tendo as larvas sido mantidas em tabuleiros de plástico e esmalte contendo água da torneira. Foram mantidas, e as experiências foram realizadas, a $27 \pm 2°C$ e 75-85% de humidade relativa, em ciclos de luz e escuridão de 14:10. As larvas foram alimentadas com uma dieta de levedura de cerveja, biscoitos de cão e algas recolhidas de lagos numa proporção de 3:1:1, respetivamente. As pupas foram transferidas dos tabuleiros para um copo com água da torneira e foram mantidas no nosso insectário (45 x 45 x 40cm) onde os adultos emergiram. Os adultos foram mantidos em gaiolas de vidro e receberam continuamente uma solução de sacarose a 10% num frasco com uma mecha de algodão. No quinto dia, os adultos receberam uma refeição de sangue de um pombo colocado em gaiolas de repouso durante a noite para alimentação de sangue pelas fêmeas. Foram mantidas tinas de vidro com 50 ml de água da torneira forradas com papel de filtro no interior da gaiola para a oviposição (Kamaraj et al., 2009).

3.2.2. Bioensaio larvicida

Durante o rastreio preliminar com o ensaio laboratorial, as larvas de A. stephensi e C. quinquefasciatus foram recolhidas da gaiola de criação de insectos e identificadas no Centro de Investigação Entomológica Zonal, Vellore. Primeiro, dissolveu-se um grama de extrato aquoso de folhas e 10 mg de NPs de Ag em 100 ml de água destilada (solução de reserva). A partir da solução de reserva, foram preparados 100 mg/mL com água da torneira sem cloro para o teste de bioensaio do extrato da planta. A atividade larvicida foi avaliada segundo o procedimento da OMS (1996). Para o teste de bioensaio, as larvas foram colocadas em cinco lotes de 20 em 249 mL de água e 1,0 mL de concentração aquosa do extrato da planta. O controlo foi estabelecido com água da torneira sem cloro. O número de larvas mortas foi contado após 24, 48 e 72 horas de exposição, e a percentagem de mortalidade foi registada a partir da média de cinco réplicas. Os meios experimentais em que ocorre uma mortalidade de 100% das larvas foram selecionados para o bioensaio de dose-resposta.

O teste de toxicidade das AgNPs sintetizadas foi efectuado colocando 20 larvas de mosquito em 200 mL de água destilada dupla esterilizada com nanopartículas num copo de 250 mL (Borosil). As soluções de nanopartículas foram diluídas com água bidestilada de acordo com as concentrações desejadas (10, 8, 6, 4 e 2 mg/mL). Cada ensaio incluiu um conjunto de grupos de controlo (nitrato de prata e água destilada) com cinco réplicas para cada concentração individual. A mortalidade foi avaliada após 24, 48 e 72 horas para determinar a toxicidade aguda em larvas de quarto instar de A. stephensi e C. quinquefasciatus.

Vinte larvas de mosquito foram colocadas em copos de vidro de 250 ml (Borosil) e colocadas numa câmara ambiental a 25°C com um ciclo de luz/obscuridade de 16:8 horas. Cada copo que continha a água destilada das larvas de mosquito foi adicionado a soluções-mãe de NPs de Ag para atingir concentrações nominais alvo de 10, 8, 6, 4 e 2 mg/mL com um volume final de 200 mL. Foi utilizado um controlo negativo (nitrato de prata) em todas as experiências e todas as condições foram testadas em cinco réplicas. A fim de comparar a mortalidade das NPs de Ag sintetizadas com a da Ag dissolvida libertada, as larvas de mosquito foram expostas a uma gama de concentrações de Ag dissolvida, de modo a cobrir a gama libertada por todas as doses de NPs de Ag. Para evitar a sedimentação das partículas, especialmente em doses mais elevadas, todas as soluções de tratamento foram sonicadas durante mais 5 minutos antes da adição das larvas de mosquito. Uma vez que esta sonicação adicional pareceu diminuir significativamente a sedimentação das partículas. A experiência foi realizada com NPs de Ag sintetizadas sem sonicação (apenas agitadas).

3.2.3. Bioensaio de dose-resposta

Com base nos resultados do rastreio preliminar, o extrato aquoso das folhas de V. rosea e as AgNPs sintetizadas foram submetidos a bioensaios de dose-resposta para a atividade larvicida contra as larvas de A. stephensi e C. quinquefasciatus. Foram preparadas diferentes concentrações de 10,0 a 50,0 mg/mL (para o extrato aquoso da planta) e de 2,0 a 10,0 mg/mL (para as AgNPs sintetizadas e o nitrato de prata) para a atividade larvicida. O número de larvas mortas foi contado após 24, 48 e 72 horas de exposição, e a percentagem de mortalidade foi registada a partir da média de cinco réplicas. No entanto, no final das 72 horas, as amostras de teste selecionadas revelaram-se iguais no seu potencial tóxico.

Fig. 7. Vinca rosea L. (Apocyanaceae)

3.3. *Caracterização das NPs de Ag sintetizadas*

3.3.1. Espectros UV-vis

A biorredução das NPs de Ag foi monitorizada por amostragem da mistura de reação a intervalos regulares e os máximos de absorção foram verificados por espectros UV-vis, no comprimento de onda de 300-600 nm, no espetrofotómetro Schimadzu 1601, com uma resolução de 1 nm. As nanopartículas de prata (Ag) exibem propriedades ópticas únicas e sintonizáveis devido à sua ressonância plasmónica de superfície (SPR), que depende da forma, do tamanho e da distribuição do tamanho (Tripathy et al., 2010). A redução dos iões Ag^{2+} foi monitorizada através da medição dos espectros UV-visível das soluções após a diluição de uma pequena alíquota (0,2 ml) da amostra por 20 vezes. A mistura da solução foi submetida a centrifugação a 15 000*g durante 20 min; o sedimento resultante foi dissolvido em água destilada e filtrado através de um filtro milipore de 0,22 µm. As NPs de Ag foram sintetizadas após 15 minutos de reação com o caldo de folhas de V. rosea e centrifugadas a 8.000 rpm durante 20 minutos, após o que o sedimento foi redisperso em água destilada estéril para eliminar quaisquer moléculas biológicas não coordenadas. O processo de centrifugação e redispersão em água destilada estéril foi repetido três vezes para garantir uma melhor separação das entidades livres das NPs metálicas. As NPs de Ag sintetizadas foram utilizadas para difração de raios X (XRD), espetroscopia de infravermelhos com transformada de Fourier (FTIR), microscópio eletrónico de varrimento (SEM), análise de raios X por dispersão de energia (EDS) e microscopia eletrónica de transmissão (TEM).

3.3.2. Difração de raios X (XRD)

O XRD (Bruker AXS D8) é uma das técnicas mais poderosas e estabelecidas para a análise estrutural de materiais, capaz de fornecer informações sobre a estrutura de um material ao nível atómico. A fixação da temperatura permite a análise de - 170oC a +450oC sob vácuo. A mistura seca de NPs de Ag foi recolhida para a determinação da formação de NPs de Ag através do difratómetro de raios X X'Pert Pro operado a uma tensão de 40 kV e uma corrente de 30 mA com radiação CuKa numa configuração de valor 0-80 theta. O tamanho do domínio cristalino foi calculado a partir da largura dos picos de XRD, assumindo que estão livres de deformações não uniformes, utilizando a fórmula de Scherer:

$$D = 0,94\, \lambda \,/\, \beta \, Cos\, \theta$$

em que D, é o tamanho médio do domínio cristalino perpendicular aos planos reflectores, λ é o comprimento de onda dos raios X, β é a largura total a meio máximo (FWHM) e θ é o ângulo de difração. Para eliminar o alargamento instrumental adicional, a FWHM foi corrigida, utilizando a 2FWHM de uma amostra de grão grande

$$\beta \text{ corrigido} = (FWHM2 \text{ amostra} - FWHM2)1/2$$

Estes espectros são constituídos por vários componentes, sendo os mais comuns o $K\alpha$ ($K\alpha 1$ e $K\alpha 2$) e o $K\beta$. $K\alpha 1$ tem um comprimento de onda ligeiramente mais curto e o dobro da intensidade de $K\alpha 2$. Os comprimentos de onda específicos são caraterísticos do material alvo (Cu, Fe, Mo e Cr). O cobre é o material alvo mais comum para a difração de um único cristal, com radiação $CuK\alpha = 1,5418\text{Å}$. Estes raios X são colimados e dirigidos para a amostra. A amostra e o detetor são rodados e a intensidade dos raios X reflectidos é registada. Quando a geometria dos raios X incidentes que atingem a amostra satisfaz a equação de Bragg, ocorre interferência construtiva e verifica-se um pico de intensidade. Um detetor regista e processa este sinal de raios X e converte-o numa taxa de contagem que é depois enviada para um dispositivo como uma impressora ou um monitor de computador.

3.3.3. Espectroscopia de infravermelhos com transformada de Fourier (FTIR)

Para as medições de espetroscopia de infravermelhos com transformada de Fourier (FTIR), os pós secos das NPs foram obtidos da seguinte forma. As NPs de Ag sintetizadas após 6 h de reação do caldo de folhas de A. indica foram centrifugadas a 10 000 rpm durante 15 min, após o que o pellet foi redisperso em água destilada estéril para eliminar quaisquer moléculas biológicas não coordenadas. O processo de centrifugação e redispersão em água destilada estéril foi repetido três vezes para garantir uma melhor separação das entidades livres das NPs metálicas. Os grânulos purificados foram depois secos e os pós submetidos a medição por espetroscopia FTIR. A caraterização envolveu a análise por FTIR do pó seco de NPs de Ag, através de uma varredura na faixa de 350-3000cm-1 com uma resolução de 4 cm-1. Estas medições foram efectuadas num instrumento Perkin elmer spectrum one no modo de reflectância difusa com uma resolução de 4 cm-1 em pastilhas de KBr e as pastilhas foram misturadas com pó de KBr e peletizadas após secagem adequada. As pastilhas foram posteriormente submetidas a medições de espetroscopia FTIR. O espetro de IV de um composto é a sobreposição de bandas de absorção de grupos funcionais específicos.

3.3.4. Microscópio eletrónico de varrimento (SEM)

A análise SEM baseia-se num feixe de electrões de alta energia para gerar uma variedade de sinais na superfície de amostras sólidas. Os sinais que derivam das interações eletrão-amostra revelam a informação sobre a amostra, incluindo a morfologia externa (textura), a composição química, a estrutura cristalina e a orientação dos materiais que constituem a amostra. Na maioria das aplicações, os dados foram recolhidos numa área selecionada da superfície da amostra, tendo sido geradas imagens bidimensionais que apresentam variações espaciais destas propriedades. As áreas com uma largura de aproximadamente 1 cm a 5 microns foram fotografadas num modo de varrimento utilizando técnicas convencionais de SEM (ampliação de 20x a aproximadamente 30.000xs, resolução espacial de 50 a 100 nm). O MEV foi utilizado para efetuar a análise de pontos selecionados da amostra (JEOL, modelo JFC-1600).

3.3.5. Análise de raios X por dispersão de energia (EDX)

A análise de raios X por dispersão de energia (EDX), referida como EDS ou EDAX, é uma técnica de raios X utilizada para identificar a composição elementar dos materiais. As aplicações incluem investigação de materiais e produtos, resolução de problemas, deformação e muito mais. Os sistemas EDX estão ligados a instrumentos SEM e TEM, onde a capacidade de imagem do microscópio identifica a amostra de interesse. Os dados gerados pela análise EDX consistem em espectros que mostram os picos correspondentes aos elementos que constituem a verdadeira composição da amostra que está a ser analisada. O espetro EDX indica um teor de prata de cerca de 91% do átomo. Quantidades menores de outros elementos, especialmente cloro e sódio, podem resultar do material orgânico circundante.

3.3.6. Microscopia eletrónica de transmissão (TEM)

O microscópio eletrónico de transmissão (TEM) funciona com base nos princípios do microscópio de luz, utilizando electrões em vez de luz. O TEM utiliza o eletrão como "fonte de luz" e o comprimento de onda permite obter uma resolução milhares de vezes superior à do microscópio de luz. A possibilidade de obter grandes ampliações fez do TEM um instrumento valioso na investigação médica, biológica e de materiais. As amostras para análise TEM foram preparadas em grelhas TEM de cobre revestidas a carbono. As medições TEM foram efectuadas num instrumento JEOL modelo 1200 EX operado a uma tensão de aceleração de 120 kV e posteriormente com um pó XDL 3000.

3.4. Estudos Histológicos

Para fins histológicos, as larvas de quarto instar tratadas e não tratadas de A. stephensi e C. quinquefasciatus foram isoladas da colónia de laboratório padrão, que foram incorporadas com a LC50 de nanopartículas de prata sintetizadas (Ag NPs) e extrato aquoso de folhas de V. rosea alter 72 hr a 10 mg/mL e 50 mg/mL. Apenas as larvas vivas foram examinadas e depois foram fixadas em solução de bouins 24 e 48 horas após a exposição. Após desidratação numa série graduada de etanol, o material foi incorporado e cortado com lâminas de vidro num micrótomo rotativo. As secções foram coradas com hematoxilina-eosina, analisadas e fotografadas com um fotomicroscópio. Após a preparação das lâminas pelo método utilizado no laboratório, as larvas foram examinadas para detetar anomalias utilizando um microscópio de luz Labomed e fotografadas com uma câmara digital Nikon DXM 1200.

3.5. Análises bioquímicas de larvas de mosquitos

3.5.1. Preparação de homogenatos de corpo inteiro

As larvas de quarto instar de Anopheles stephensi e Culex quinquefasciatus (recém-mudadas ou 0 h, 12 e 24 h de desenvolvimento), bem como as AgNPs sintetizadas mediadas por folhas de Vinca rosea expostas e as larvas de controlo não tratadas, foram lavadas com água destilada dupla e a água aderente foi completamente removida da superfície do corpo por meio de papel absorvente. As larvas (cada 20 indivíduos) foram homogeneizadas separadamente em tubos eppendorf utilizando um homogeneizador manual de Teflon em 500 µl de tampão de fosfato de sódio gelado (20 mM, pH 7,0) ou solução salina a 0,9% para eventual estimativa da glicose total, glicogénio, proteínas, aminoácidos livres e atividade lipídica. Os homogenatos de corpo inteiro foram centrifugados (8000×g; 4°C) durante 20 minutos e os sobrenadantes claros foram utilizados para as análises bioquímicas. As soluções para homogeneização e o material de vidro foram mantidos a 4 °C antes da utilização, e os homogenatos foram mantidos em gelo até serem utilizados para os vários ensaios. Para a análise qualitativa da glicose total, do glicogénio, das proteínas, dos aminoácidos livres e dos lípidos por cromatografia líquida de alta pressão (HPLC), os homogenatos de corpo inteiro das larvas foram preparados tal como descrito anteriormente, exceto que foram utilizados 100 µl de Tris-glicina (25 mM, pH 8,3) como tampão de homogeneização.

3.5.2. Estimativa da glicose total

A glicose foi estimada pelo método de Nelson (1944). As proteínas foram removidas do homogenato de tecido e o filtrado contendo apenas glicose como substrato redutor foi aquecido com reagente de cobre alcalino e subsequentemente tratado com reagente de arsenomolibdato. A cor azul assim desenvolvida foi lida a 540 nm. A glicose foi calculada da seguinte forma

$$\text{Glucose concentration in larvae (mg/g)} = \frac{\text{Concentration of test solution}}{\text{Concentration of test solution}} \times 10$$

3.5.3.

Estimativa do glicogénio total

O teor de glicogénio foi medido segundo o método de Van Handel (1985a) com modificações. A amostra de controlo tratada e não tratada com NPs de Ag sintetizadas foi colocada num tubo de microcentrifugação de 1,5 ml com 500 µl de água e triturada com um pilão. Os tubos de microcentrifugação foram fervidos durante 5 minutos e 100 µl de cada tubo foram transferidos para um tubo de ensaio de 13x100 mm. Foram então adicionados 3 ml de reagente de antrona (150 mg de antrona/100 ml de ácido sulfúrico a 72%) e os tubos foram incubados durante 20 minutos num banho de água a 90°C. Após arrefecimento, foram transferidos 200 pl do homogenato resultante para uma microplaca de 96 poços. Tomou-se o cuidado de evitar bolhas de ar e os poços exteriores da microplaca não foram utilizados para evitar que fontes de luz externas interferissem com as leituras da densidade ótica. A absorvância foi lida a 620 nm, utilizando um espetrofotómetro Labsystems Multiskan® Multisoft Modelo 349. Em cada placa de 96 poços, foram analisadas amostras de mosquitos juntamente com uma amostra de quantidade conhecida de glicogénio e duas diluições em série dessa quantidade para gerar curvas-padrão em duplicado. Para cada curva-padrão, foram transferidos 6 ml de uma solução de 1 mg/ml de glicogénio para tubos de ensaio de 13x100 mm. Foram então criados sete tubos adicionais por diluição em série (50%) com água destilada. De cada tubo, foram transferidos 100 µl para tubos de ensaio de 13x100 mm e adicionados 3 ml de reagente de antrona.

3.5.4. Estimativa das proteínas totais

As proteínas em homogenatos de larvas de Ag NPs sintetizadas tratadas e não tratadas (cada 50µl) foram primeiro precipitadas por mistura com 20 volumes de etanol a 80% (Subhashini e Ravindranath, 1980). A proteína foi estimada pelo método de Lowry et al. (1951).

$$\text{Protein concentration in larvae (mg/g)} = \frac{\text{Concentration of test solution}}{\text{Concentration of test solution}} \; X10$$

As proteínas que reagem com o reagente de Folin - Coicalteu tornam-se azul-púrpura, proporcional à quantidade de proteínas que pode ser lida a 620 nm. A proteína total foi calculada como:

3.5.5. Estimativa de aminoácidos livres

T Os homogenatos de corpo inteiro das larvas sintetizadas com NPs de Ag tratadas e não tratadas foram centrifugados (8000×g; 4°C) durante 20 minutos e os sobrenadantes claros foram utilizados para a análise dos aminoácidos livres. As amostras foram hidrolisadas de acordo com (Ibraim e El-Eraqy, 1996) e analisadas pelo Lc 3000 Amino Acid Analyzer.

3.5.6. Estimativa dos lípidos totais

De acordo com uma versão modificada do método de Van Handel (1985b) para a determinação dos lípidos totais em larvas de mosquito, as larvas de mosquito sintetizadas e não tratadas com AgNPs foram secas a 60°C durante pelo menos 1 hora, colocadas num tubo de microcentrifugação de 1,5 ml e foi adicionado 0,5 ml de solução de clorofórmio-metanol (1:1). Foram triturados com um pilão e o sobrenadante foi transferido para um tubo de ensaio limpo de 13x100 mm. O solvente foi evaporado colocando os tubos num bloco de aquecimento a 90°C durante 20 minutos, após o que foram adicionados 2 ml de ácido sulfúrico e o tubo foi novamente aquecido durante 10 minutos. Após arrefecimento, adicionaram-se a cada tubo 5 ml de reagente de vanilina (600 mg de vanilina/100 ml de água destilada e 400 ml de ácido fosfórico a 85%) e deixou-se desenvolver a coloração avermelhada durante 5 minutos. Nesta fase, foram transferidos 200 pl da solução resultante de cada amostra para um poço de uma microplaca de 96 poços para leitura da absorvância. As placas foram lidas a 492 nm num espetrofotómetro Multiskan® Multisoft Modelo 349. Para cada placa, foram geradas curvas-padrão em duplicado, preparando dois conjuntos de 25, 50, 100, 150, 200, 250, 300, 350 e 400 pl da solução-padrão (1 mg de óleo vegetal em 1 ml de clorofórmio), evaporando o solvente e medindo a sua absorvância como descrito acima. A curva com o melhor ajuste foi utilizada para inferir o teor de lípidos.

3.6. *Análise de dados*

Os dados médios de mortalidade larvar foram submetidos a uma análise probit para calcular LC50, LC90 e outras estatísticas nos limites fiduciais de 95% do limite superior de confiança e do limite inferior de confiança, e os valores de qui-quadrado foram calculados utilizando o software desenvolvido por Reddy et al. (1992). Os resultados com p<0,05 foram considerados estatisticamente significativos.

Capítulo 4

OBSERVAÇÕES

4.1. Toxicidade das larvas de mosquito

Nas presentes observações, a atividade larvicida dos extractos aquosos e sintetizados de NPs Ag das folhas de V. rosea é notada e apresentada nos quadros 1 e 2. Todos os extractos mostraram um efeito tóxico moderado e bom em larvas de quarto instar após 24, 48 e 72 horas de exposição; no entanto, a mortalidade mais elevada de 33%, 76% e 100% foi encontrada em AgNPs aquosas e 79%, 100% e 100% foi observada em AgNPs sintetizadas contra as larvas de A. stephensi (LC50=12,47, 16,84 mg/mL e LC90=36,33 e 68.62 mg/mL) em 48 e 72 horas de exposição e contra C. quinquefasciatus (LC50=43.80 mg/mL e LC90= 120.54 mg/mL) em 72 horas de exposição e o extrato aquoso mostrou 100% de mortalidade contra A. stephensi e C. quinquefasciatus (LC50=78.62, 55.21 mg/mL e LC90= 184.85 e 112.72 mg/mL) em 72 horas de exposição a concentrações de 50mg/mL respetivamente. O valor do qui-quadrado foi significativo ao nível de p<0,05 (Tabelas 1 e 2). A percentagem de mortalidade e as LC50 e LC90 foram apresentadas em representações gráficas; Figs. 8 A, B, C, D e E.

Tabela 1: *Valores de probit LC50 e LC90 do extrato aquoso de folhas de Vinca rosea contra Anopheles stephensi e Culex quinquefasciatus e peixes não visados Poecillia reticulate em 72 horas de exposição*

Test materials	Concentration (mg/mL)	24hr % Mortality* ± SD	48 hr % Mortality* ± SD	72hr % Mortality* ± SD	LC50±SE (UCL–LCL) (mg/mL)	LC90±SE (UCL–LCL) (mg/mL)	$\chi 2$ (df=4)
Plant aqueous extract	50	33±2.84	76±3.02	100±0.00	78.62 ± 8.42 (46.26 – 28.39)	184.85 ±16.50 (116.19 – 84.26)	12.86
	40	29±2.06	56±2.18	82±2.06			
A. stephensi	30	20±1.34	38±1.20	52±1.82			
	20	14±1.40	16±1.42	28±1.40			
	10	9±2.48	13±1.68	17±1.82			
Plant aqueous extract	50	72±0.00	82±3.02	100±0.00	55.21±0.84 (28.75 – 18.64)	112.72±12.82 (79.31 – 52.92)	10.52
C. quinquefasciatus	40	60±0.00	74±0.82	84±1.82			
	30	44±2.34	52±4.24	60±4.20			
	20	28±1.87	40±1.27	42±1.87			
	10	13±1.90	32±4.60	38±2.69			
P. reticulata	50	01±0.42	01±0.86	02±1.28	-	-	-

*Controlo: água destilada mortalidade nula, Significativo ao nível de P<0,05, LC50 concentração letal que mata 50% das larvas expostas, LC90 concentração letal que mata 90% das larvas expostas, UCL limite superior de confiança, LCL limite inferior de confiança, χ2 qui-quadrado, df grau de liberdade, *Valor médio de três réplicas.*

Tabela 2: *Valores de probit LC50 e LC90 de nanopartículas de prata sintetizadas usando folhas de V. rosea contra larvas de A. stephensi e C. quinquefasciatus e peixes não-alvo P. reticulate em 72 horas de exposição.*

Test materials	Concentration (mg/mL)	24hr % Mortality* ± SD	48 hr % Mortality* ± SD	72hr % Mortality* ± SD	LC50±SE (UCL–LCL) (mg/mL)	LC90±SE (UCL–LCL) (mg/mL)	χ2 (df=4)
AgNPs	10	79±2.60	100±0.00				
	8	58±2.81	86±0.82	-	12.47 ± 0.89 (14.22 –10.72)	36.33 ± 7.58 (77.22 – 46.44)	10.79
A. stephensi	6	42±1.06	68±1.60				
	4	26±1.28	43±1.48				
	2	18±1.10	24±2.04				
	10	-	-	100±0.00	16.84 ± 2.04 (12.46 –12.81)	68.62 ± 7.89 (84.09 – 59.14)	14.78
	8			86±2.40			
	6			74±1.64			
	4			62±1.32			
	2			48±2.04			
AgNPs	10	76±2.10	88±2.02	100±0.00	43.80±8.78	120.54 ±12.68	10.75
	8	60±4.36	74±2.82	82±4.24	(27.27 – 12.34)	(57.95 – 36.78)	
C. quinquefasciatus	6	54±2.34	62±4.20	58±2.04			
	4	48±1.87	42±1.87	46±0.84			
	2	23±1.90	22±4.69	32±2.60			
P. reticulata	10	2.0±0.57	2.0±0.42	3.0±0.64	-	-	
Silver nitrate	10	0.00	-	-	-	-	-

*Controlo: água destilada mortalidade nula, Significativo ao nível de P<0,05, LC50 concentração letal que mata 50% das larvas expostas, LC90 concentração letal que mata 90% das larvas expostas, UCL limite superior de confiança, LCL limite inferior de confiança, χ2 qui-quadrado, df grau de liberdade, *Valor médio de três réplicas.*

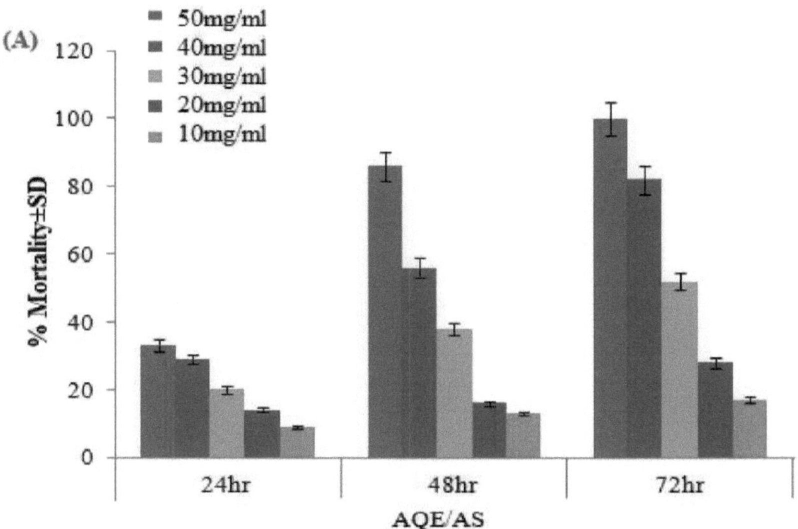

Fig. 8A. *Gráfico que mostra a atividade larvicida do extrato aquoso de V. rosea contra a quarta larva insar de Anopheles stephensi (AS).*

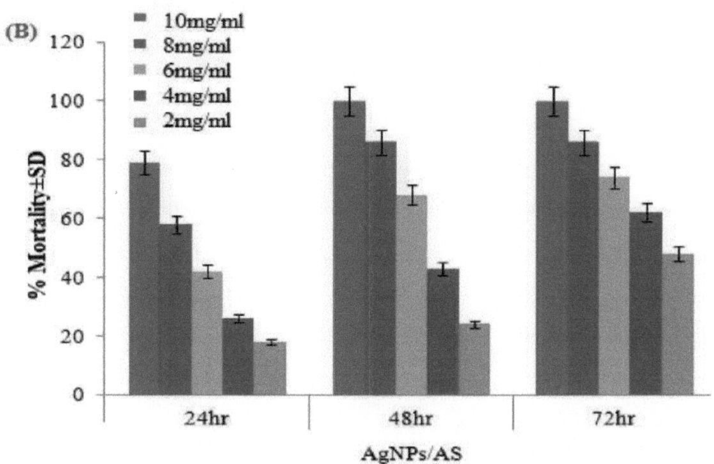

Fig. 8B. *Gráfico que mostra a atividade larvicida das nanopartículas de prata sintetizadas (AgNPs) utilizando V. rosea contra larvas de quarto instar de Anopheles stephensi (AS).*

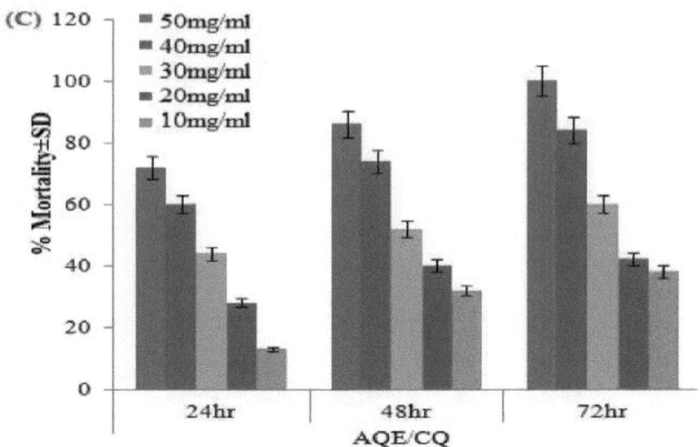

Fig. 8C. *Gráfico que mostra a atividade larvicida do extrato aquoso (AQE) de V. rosea contra larvas de quarto instar de Culex quinquefasciatus (CQ).*

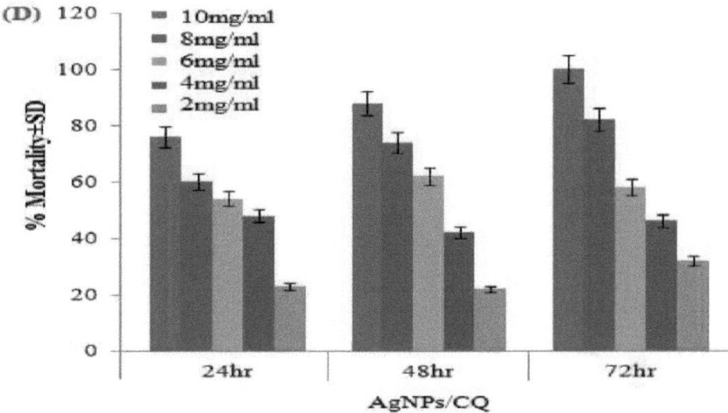

Fig. 8D. *Gráfico que mostra a atividade larvicida das nanopartículas de prata sintetizadas (AgNPs) utilizando V. rosea contra larvas de quarto instar de Culex quinquefasciatus (CQ).*

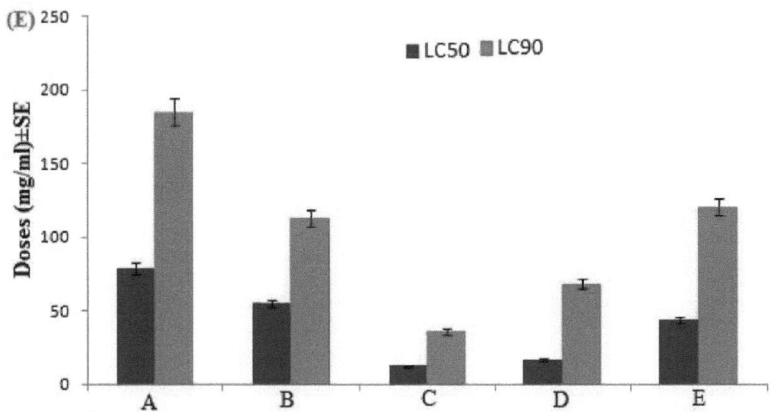

Fig. 8E. *Gráfico que mostra os valores LC50 e LC90 dos vectores Anopheles stephensi e Culex quinquefasciatus. A- Extrato aquoso de Anopheles stephensi (72 horas); B- Extrato aquoso de Culex quinquefasciatus (72 horas); C- Nanopartículas de prata sintetizadas de Anopheles stephensi (48 horas); D- Nanopartículas de prata sintetizadas de Anopheles stephensi (72 horas); E- Nanopartículas de prata sintetizadas de Culex quinquefasciatus (72 horas).*

4.2. Caracterização das NPs de prata

4.2.1. Espectroscopia Uv-visível

A mudança de cor foi notada por observação visual nos extractos de folhas de V. rosea quando incubados com solução de AgNO3. O extrato de folhas de V. rosea sem AgNO3 não apresentou qualquer alteração de cor (Fig. 9A). A cor do extrato mudou para castanho-claro no espaço de dez minutos e depois mudou para castanho-escuro durante o período de incubação de 15 minutos, após o qual não se verificou qualquer alteração significativa. O espetro de absorção dos extractos de folhas de V. rosea em diferentes comprimentos de onda, de 300 a 600 nm, revelou um pico a 420 nm (Fig. 9B). A intensidade da cor a 420 nm aumentou com a duração da incubação.

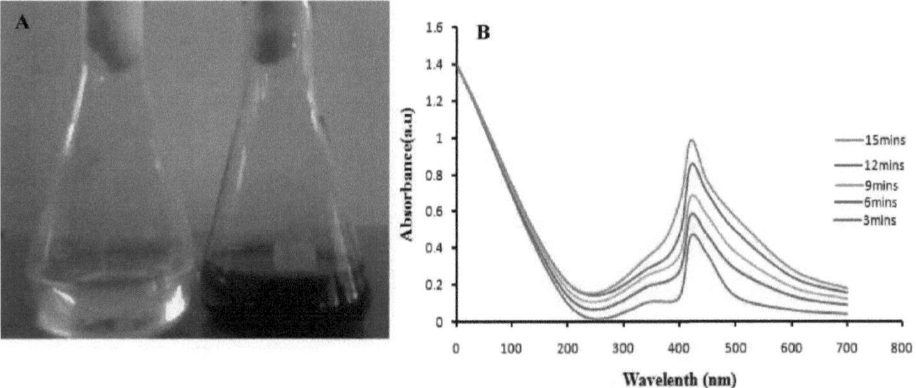

Fig. 9A. Solução aquosa de AgNO3 com extractos de folhas de V. rosea (à esquerda) antes de adicionar o extrato de folhas e (à direita) após a adição do extrato de folhas a 15 minutos. B, Espectros UV-vis de nitrato de prata aquoso com extrato de folhas de V. rosea em diferentes intervalos de tempo.

4.2.2. Análise de difração de raios X (XRD)

O padrão de difração de raios X das NPs de Ag produzidas pelo extrato de folhas de V. rosea é apresentado na Fig. 10. O XRD exibiu picos intensos em todo o espetro de 20 valores que variam entre 25° e 75° e este padrão foi semelhante à reflexão de Braggs dos nanocristais de prata. As amostras de reflexões de Bragg foram observadas na amostra de nanopartículas. A formação de AgNPs sintetizadas usando o extrato da folha de V. rosea foi analisada por medidas de XRD. As reflexões de Bragg em 2θ = 29,36o, 38,26o, 44,51o, 63,54o e 77,13o podem ser indexadas às orientações (121), (111), (200), (220) e (311), respetivamente, confirmando a presença de Ag NPs. Não existem picos no padrão de XRD devidos a impurezas cristalográficas, o que significa que as AgNPs obtidas têm um elevado grau de pureza. A intensidade relativa dos picos de difração do plano (200) em relação ao plano (111). Isto indica que o plano (111) parece estar preferencialmente orientado paralelamente à superfície do substrato de suporte

$$L = k\lambda / \beta 1 /2 \cos\theta \text{ --------- (1)}$$

Onde, k é a constante de Scherer, λ é o comprimento de onda do raio X, β e theta são a meia largura do pico e a metade do ângulo de Bragg, respetivamente.

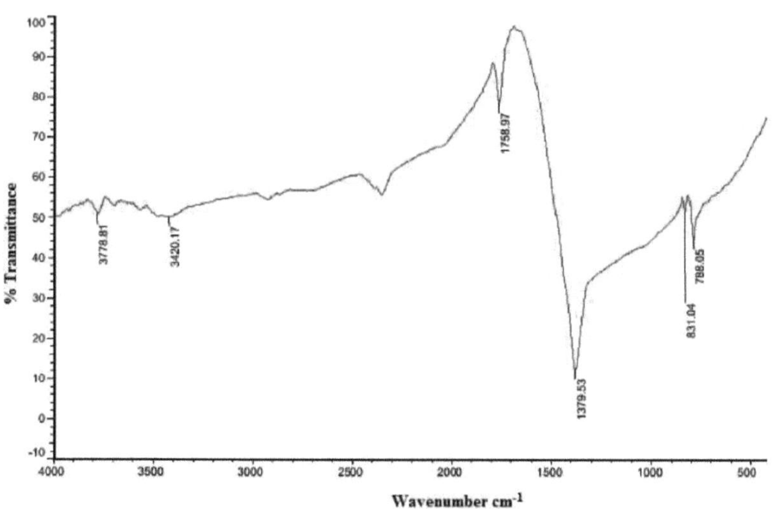

Fig.10. Padrão XRD das AgNPs sintetizadas usando caldo de folhas de V. rosea.

4.2.3. Análise FTIR

Os picos de infravermelhos com transformada de Fourier (FTIR) para o extrato aquoso da folha de V. rosea, a solução de 1 (Mm) de AgNO3 e as NPs de Ag sintetizadas são apresentados nas Figs. 11 a, b e c, respetivamente. Foram analisados os grupos funcionais do extrato aquoso da folha de V. rosea, do AgNO3 e das amostras de teste de NPs de Ag sintetizadas. Houve uma deslocação no pico seguinte e os espectros mostraram uma banda de absorção forte e nítida entre 3406,71 e 3431,90 cm-1 no caso do grupo NH2 de uma amina primária (estiramento N-H). A presença do pico agudo de 2926,54 a 2925,80 cm-1 muito largo parece frequentemente uma linha de base distorcida (ácidos carboxílicos O-H). A banda de 1633,26 a 1625,81 cm-1 foi atribuída a alcenos C=C, vibração de estiramento de anel aromático, o que prova que as NPs de Ag sintetizadas foram sintetizadas com compostos de plantas envolvidos na redução biológica do AgNO3. Os grupos funcionais para o AgNO3 e as NPs de Ag sintetizadas foram 3420 e 3424 cm-1 para o ácido carboxílico O-H, 1758 e 1727 cm-1 para o anidrido C=O, 1379 e 1382 cm-1 para o fenol C-O, 831 halogenetos C-Cl. Isto prova que as NPs e os produtos químicos derivados de plantas estavam envolvidos na cobertura das NPs de Ag sintetizadas (Silverstein et al., 1998).

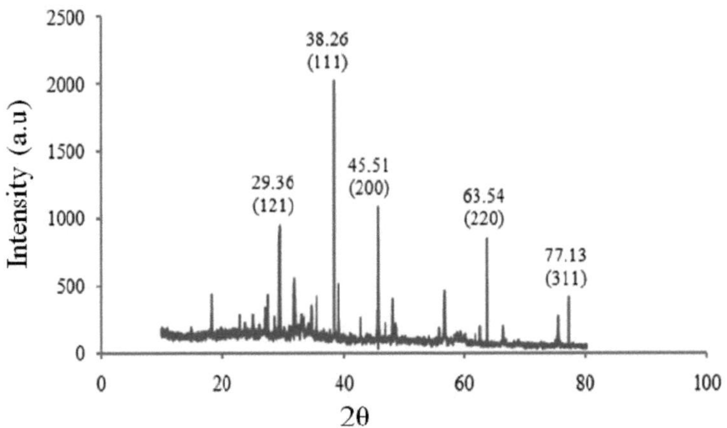

Fig.11a. *Espectro FTIR do extrato aquoso de folhas de V. Rosea*

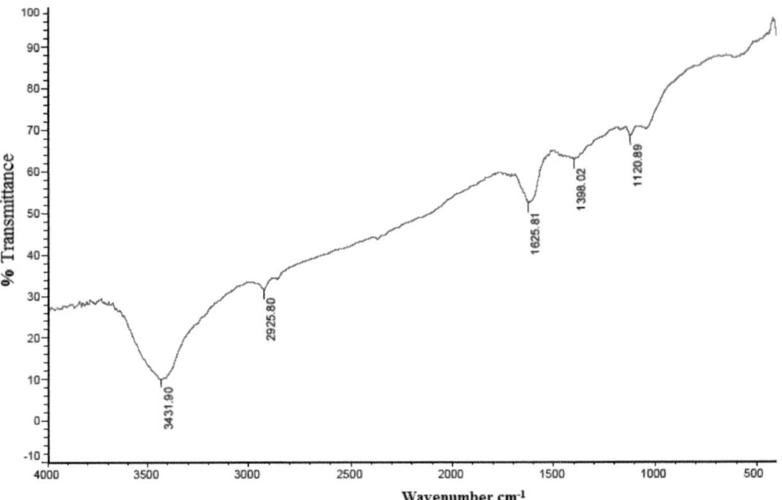

Fig.11b. *Espectro FTIR de 1mMAgNO3*

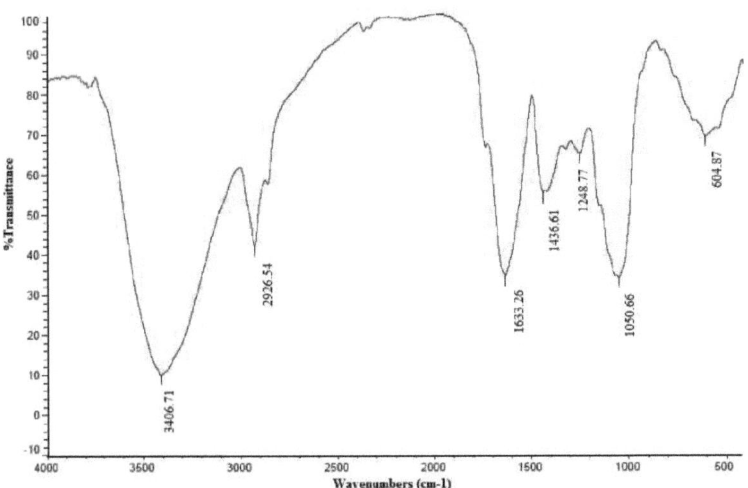

Fig.11c. Espectros FTIR do pó seco sob vácuo das NPs de Ag sintetizadas a partir do extrato de folhas de V. rosea.

4.2.4. Análise SEM

As determinações SEM da amostra (AgNO3) mostraram a formação de nanopartículas, que foram confirmadas como sendo de prata por EDX. As análises SEM das AgNPs sintetizadas mostraram claramente formas agrupadas e irregulares, maioritariamente agregadas e com um tamanho médio de 120 nm com distância interpartículas. A Fig. 12a, b e c mostra as nanopartículas dispersas assimetricamente e, na sua maioria, agregadas, com estruturas de cristais raramente livres.

4.2.5. Análise EDX

O acessório EDX presente no SEM é conhecido por fornecer informações sobre a análise química (Carbono 3,08, Oxigénio 1,25, Cloro 10,05 e Prata 85,62 % em massa) dos campos que estão a ser investigados ou a composição em locais específicos (EDX pontual). O perfil representativo da análise EDX pontual foi obtido focando as Ag NPs (Fig.13 a), a Tabela 3 mostrou a percentagem da composição química das AgNPs sintetizadas.

Tabela 3. Espectroscopia de raios X por dispersão de energia (EDX) apresenta a composição química completa das AgNPs sintetizadas

Elemento	(keV)	Massa%	Átomo%	K
C K	0.277	3.08	18.14	0.7917
O K	0.525	1.25	5.55	0.3012
Cl K	2.621	10.05	20.08	0.3042
Ag L	2.984	85.62	56.22	1

| Total | - | 100 | 100 | - |

Fig.12a. *Micrografias eletrônicas de varredura de Ag NPs sintetizadas com extrato de folha de V. rosea e ampliadas × 10.000 barra de inserção representa 1µm.*

Fig.12b. *Micrografias electrónicas de varrimento de NPs de Ag sintetizadas com extrato de folha*

Fig.12c. Micrografias electrónicas de varrimento de NPs de Ag sintetizadas com extrato de folha de V. rosea e ampliadas × 15.000 A barra de inserção representa 1µm

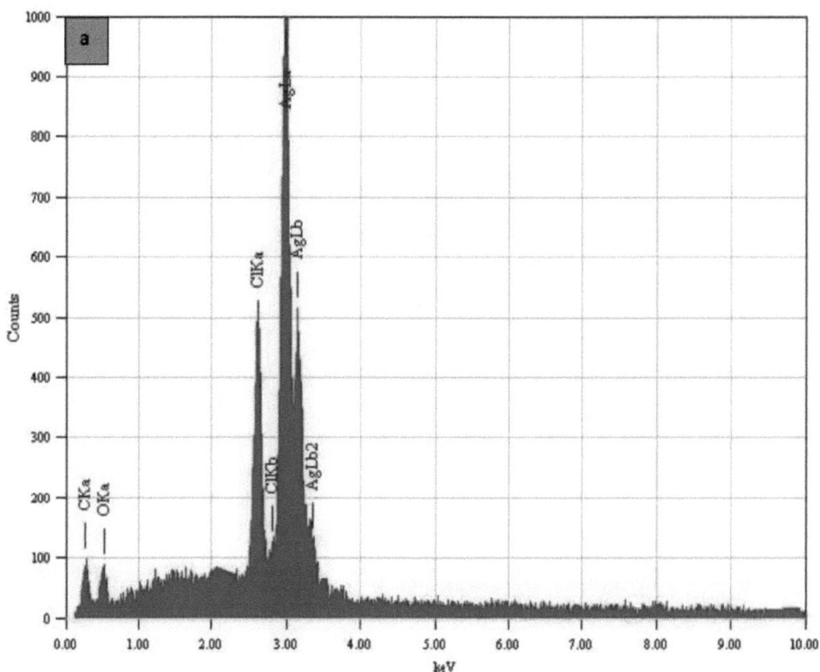

Fig.13a. *Espectroscopia de raios X por dispersão de energia (EDX) exibindo os componentes químicos das AgNPs sintetizadas.*

4.2.6. Análise TEM

A forma e o tamanho das AgNPs que foram analisadas após 24 h de incubação utilizando TEM estão representados nas Figs. 14A e B. Em geral, as nanopartículas tinham uma forma esférica com um tamanho variável entre 25 e 47 nm. A análise TEM mostrou que as nanopartículas eram agregados e algumas delas estavam dispersas. Os tamanhos das partículas variavam entre 25 nm e 47 nm e o tamanho médio foi calculado em 34,61 nm.

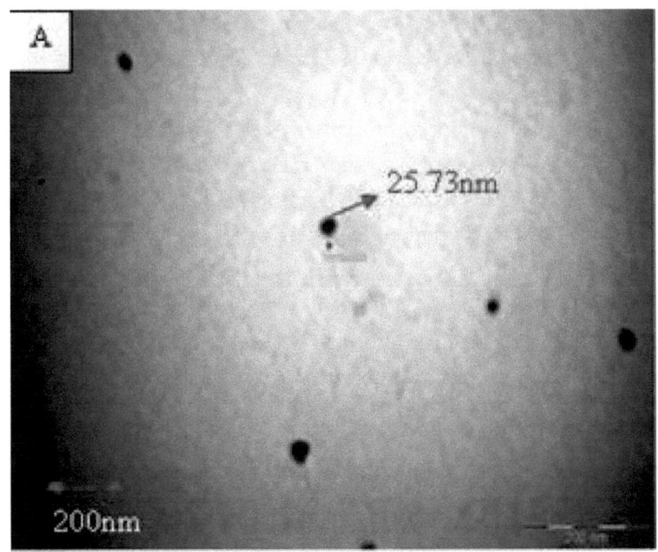

Fig. 14A. Imagens de microscopia eletrónica de transmissão de AgNPs derivadas do extrato de folhas de V. rosea a 200 nm.

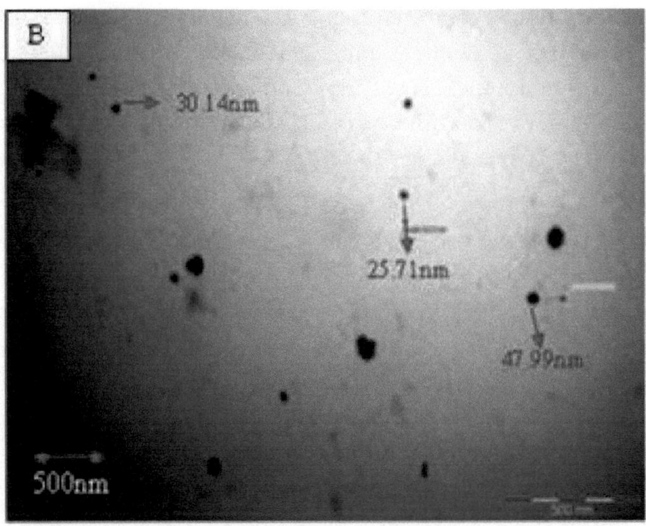

Fig. 14B. Imagens de microscopia eletrónica de transmissão de AgNPs derivadas do extrato de folhas de V. rosea a 500 nm.

4.3. Histologia do intestino e dos órgãos reprodutores

Este estudo examinou uma série de secções transversais através das regiões torácica e abdominal de larvas normais de quarto instar não tratadas e tratadas de A. stephensi e C. quinquefasciatus. A parede normal do intestino médio de A. stephensi e C.

quinquefasciatus é constituída por células epiteliais colunares; cada uma delas é cilíndrica, contendo um núcleo grande e grosseiramente granular que ocupa uma posição intermédia no interior das células. O epitélio colunar tem uma borda estriada (microvilosidades) coberta pela membrana peritrófica (Fig.15.A e B). Figura 15 (C) e (D) mostrando a secção longitudinal na região do abdómen de larvas de quarto instar de A. stephensi e C. quinquefasciatus, AgNPs sintetizadas tratadas com 10mg/mL após 72 horas. A Figura 15 (C1) e (D1) mostram a secção longitudinal na região do abdómen de larvas de quarto instar de A. stephensi e C. quinquefasciatus, tratadas com extrato aquoso de folhas de V. rosea após 72 horas a 50 mg/ml, onde se verificaram algumas anomalias nas células epiteliais, membrana peritrófica, massas de citoplasma, bolo alimentar e músculos em comparação com larvas normais.

4.3.1. Estrutura do epitélio

O intestino médio das larvas de controlo de quarto instar de A. stephensi e C. quinquefasciatus é constituído por uma camada unicelular (epitélio) que assenta sobre uma membrana basal. Esta membrana está rodeada externamente por fibras musculares circulares e longitudinais, respetivamente. O epitélio é constituído por células colunares com grupos de pequenas células regenerativas, cada uma das quais com um núcleo relativamente grande e um citoplasma fortemente basófilo. O epitélio é também protegido de partículas alimentares por uma bainha destacada - uma membrana peritrófica - que rodeia o lúmen. Na secção longitudinal, a partir das regiões anterior, média e posterior do intestino médio, as células colunares parecem não estar saturadas em termos de posição, forma e tamanho (Fig. 15. E e F).

Quando tratadas com extrato de AgNPs sintetizadas, todas as larvas desenvolveram lesões dramáticas, afectando principalmente o epitélio do intestino médio. Os efeitos histopatológicos diferiram qualitativamente de acordo com a sua localização ao longo do intestino médio e quantitativamente de acordo com a duração do tratamento. A secção transversal no intestino médio também mostrou desarranjo na aparência das células colunares, inchaço e massas extrudidas de material celular na porção anterior do intestino médio. As células epiteliais pareciam ter-se expandido para o lúmen intestinal (Fig.1.G e H) e continham grandes espaços citoplasmáticos no intestino médio posterior (Fig.15. I e J). A desintegração do intestino médio pareceu mais extensa após 72 horas em todas as três regiões (Fig.15. L e K).

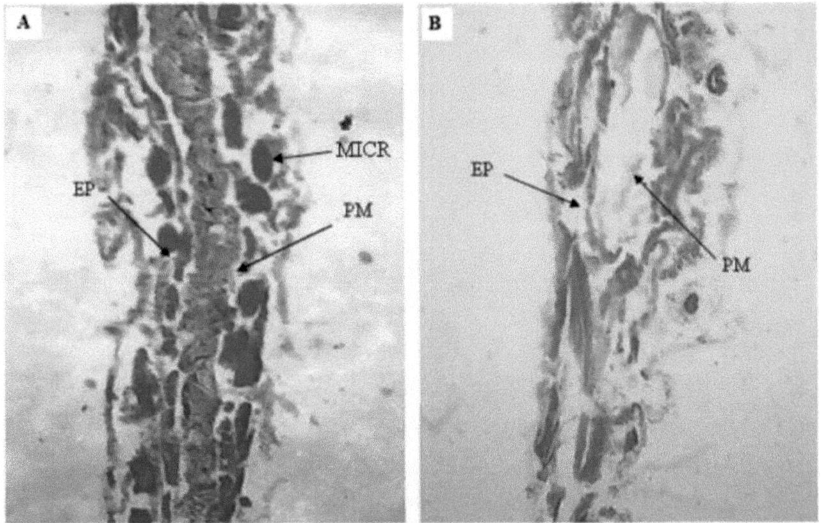

Fig.15. *(A) e (B)* *Secção longitudinal na região do abdómen de larvas de quarto instar de A.*
stephensi e C. quinquefasciatus, células epiteliais (EP), membrana peritrófica (PM) e
microvilosidades (MICR) (larvas de Narmal) (ampliação de 40X).

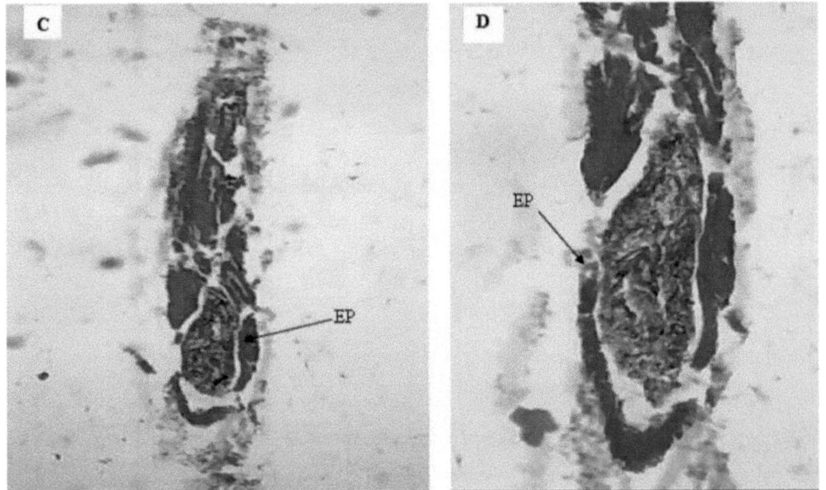

Fig.15. *(C) e (D)* *Secção longitudinal na região do abdómen de larvas de quarto instar de A.*
stephensi e C. quinquefasciatus, AgNPs sintetizadas tratadas com 10mg/mL após 72 horas
(Ampliação a 40X).

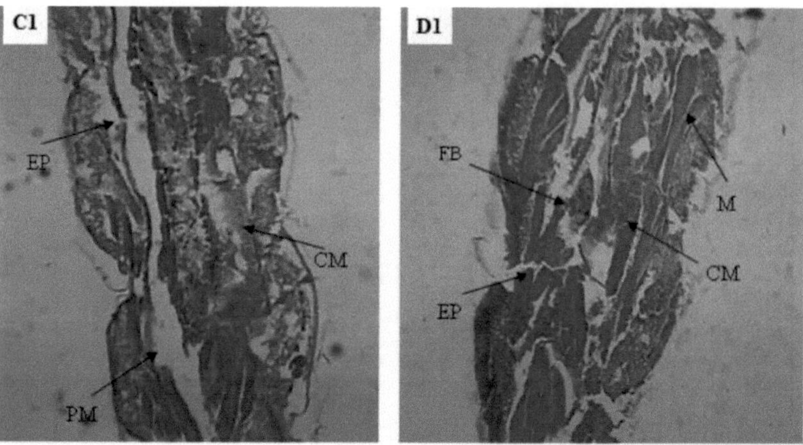

Fig. 15. (C1) e (D1) *Secção longitudinal na região do abdómen de larvas de quarto instar de A. stephensi e C. quinquefasciatus, tratadas com extrato aquoso de folhas de V. rosea após 72 horas a 50 mg/ml, Células epiteliais (EP), membrana peritrófica (PM), massas citoplasmáticas (CM), bolo alimentar (FB), músculos (M) (Ampliação a 40X).*

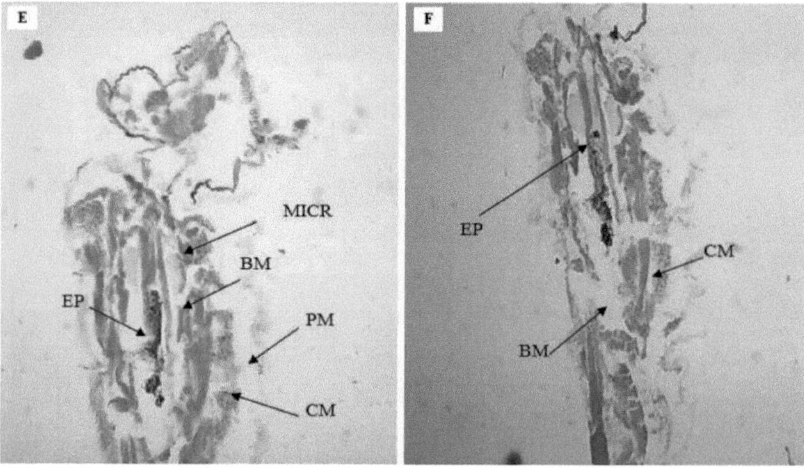

Fig. 15. (E) e (F) *Secção longitudinal na região posterior do intestino médio de larvas de quarto instar de A. stephensi e C. quinquefasciatus tratadas com AgNPs sintetizadas após 72 horas, Células epiteliais (EP), membrana peritrófica (PM), bolo alimentar (FB), membrana basal (BM), microvilosidades (MICR) e massas de citoplasma (CM).*

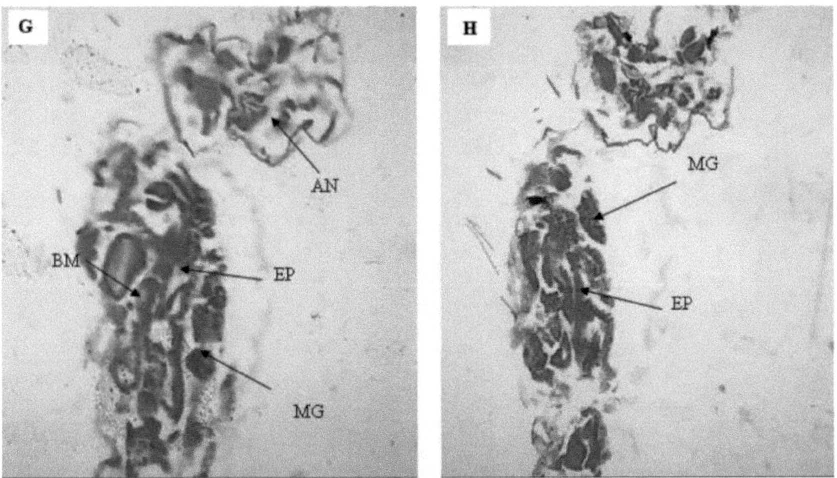

Fig. 15. (G) e (H) Secção longitudinal na região anterior de larvas de quarto instar de A. stephensi e C. quinquefasciatus tratadas com AgNPs sintetizadas mostrando os efeitos após 72 h de exposição x40. Membrana peritrófica (PM), túbulos de Malpighi (MG), células epiteliais (EP), membrana basal (BM) e região anterior (AN) (Ampliação de 40X).

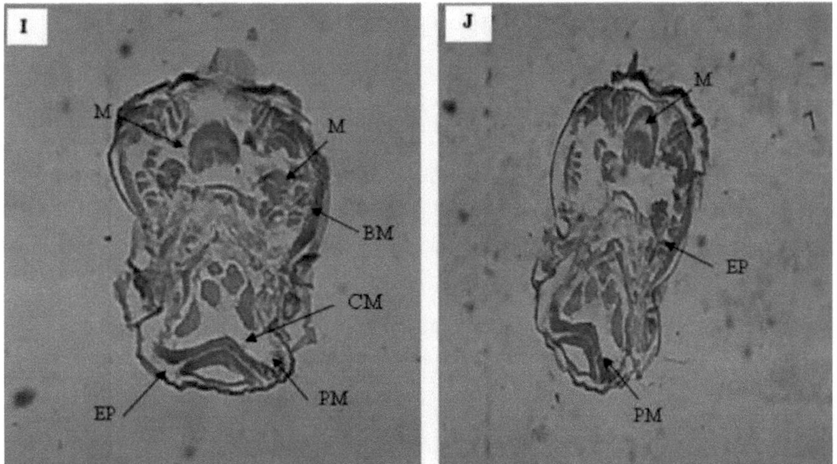

Fig.15. (I) e (J) Secção transversal nas regiões posteriores do intestino médio em larvas de quarto instar de A. stephensi e C. quinquefasciatus tratadas com AgNPs sintetizadas mostrando o efeito após 72 horas de exposição. Células epiteliais (EP), membrana peritrófica (PM), músculos (M) e membrana basal (BM) (Ampliação de 40X)

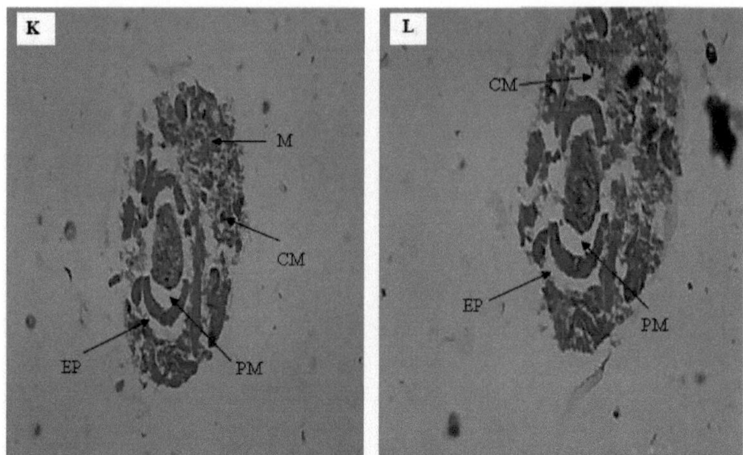

Fig. 15. (K) e (L) Secção transversal na região anterior do intestino médio em larvas de quarto instar de A. stephensi e C. quinquefasciatus tratadas com AgNPs sintetizadas mostrando o efeito após 72 horas de exposição. Células epiteliais (EP) e membrana peritrófica (PM), massa citoplasmática (CM) e músculos (M) (Ampliação de 40X)

4.4. Observação de análises bioquímicas de larvas de mosquito

4.4.1. Efeito das AgNPs sintetizadas no teor total de glucose

Os resultados revelaram que o nível de glicose diminuiu de $16,84 \pm 2,48$ mg/g no tecido larvar de A. stephensi de controlo para $12,48 \pm 1,08$ mg/g no tecido larvar de A. stephensi após o tratamento com o extrato de AgNPs sintetizadas mediadas pela folha de V. rosea, respetivamente. No entanto, o nível de glicose das larvas de C. quinquefasciatus foi reduzido de $15,73 \pm 2,40$ mg/g no controlo para $11,31 \pm 2,64$ mg/g nas larvas após o tratamento com o extrato sintetizado de AgNPs a uma concentração de 10mg/mL, respetivamente (Tabela 4 e figura 16).

Tabela 4. Efeito das AgNPs sintetizadas no conteúdo total de glucose das larvas de 4° instar de A. stephensi e C. quinquefasciatus

Espécies	Controlo (Teor médio de glucose total (mg/g) ± E.S.)	AgNPs tratadas (Teor médio de glucose total (mg/g) ±S.E.)
A. stephensi 10 (mg/ml)	16.84±2.48	12.48±1.08
C. quinquefasciatus 10 (mg/ml)	15.73±2.40	11.81±2.64
P.valor	*< 0.005	*< 0.005

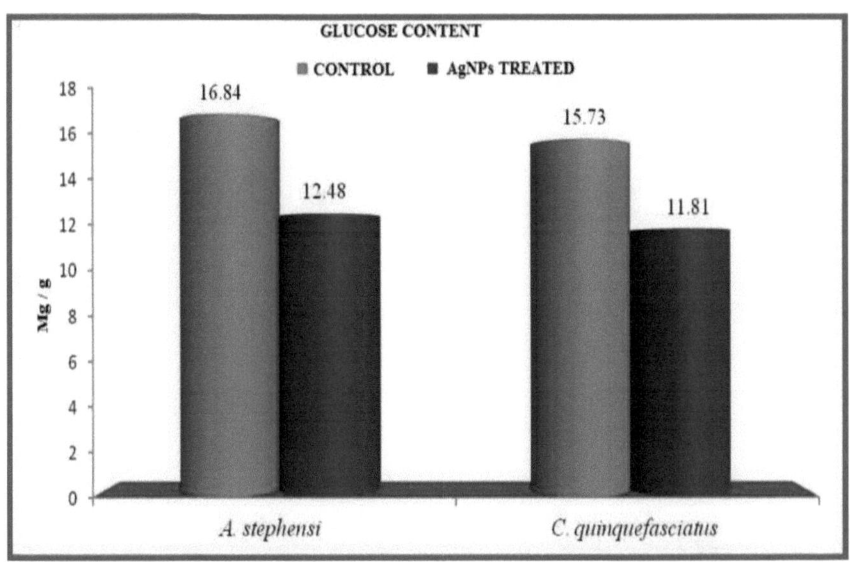

Fig.16. Teor de glicose das larvas de A. stephensi e C. quinquefasciatus tratadas com AgNPs e controlo

4.4.2. Efeito das AgNPs sintetizadas no conteúdo total de glicogénio

Os resultados apresentados na (Tabela 5 e Figura 17) indicaram que as AgNPs sintetizadas pela folha de V. rosea diminuíram o conteúdo total de glicogénio do 4º instar larvar de A. stephensi e C. quinquefasciatus tratados. O efeito de aumento foi dependente da dose. O conteúdo de glicogénio foi de 17,60 ± 2,36 e 18,90 ± 2,69 mg/g. b. wt. a 10mg/mL, respetivamente. Enquanto que o teor de glicogénio foi de 19,06 ± 3,08 e 22,62 ± 2,94 mg/g de peso corporal no grupo de controlo.

Tabela 5. Efeito das AgNPs sintetizadas no conteúdo total de glicogénio das larvas de 4º instar de A. stephensi e C. quinquefasciatus.

Espécies	Controlo (Teor médio de glicogénio total (mg/g) ± E.S.)	AgNPs tratadas (Teor médio de glicogénio total (mg/g) ± E.S.)
A. stephensi 10 (mg/ml)	19.06±3.08	17.60±2.36
C. quinquefasciatus 10 (mg/ml)	22.62±2.94	18.90±2.69
P.valor	*< 0.005	*< 0.005

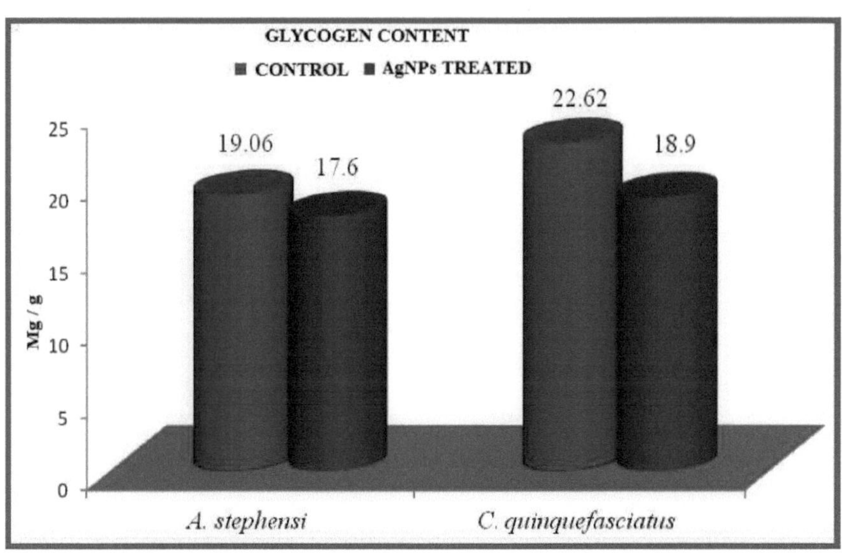

Fig. 17. Teor de glicogénio das larvas de A. stephensi e C. quinquefasciatus tratadas com AgNPs e controlo

4.4.3. Efeito das AgNPs sintetizadas no teor total de proteínas

Os dados obtidos (Tabela 6 e Figura 18) mostram que as AgNPs sintetizadas diminuíram significativamente o teor de proteína total no homogenato de larvas de 4º instar de A. stephensi e C. quinquefasciatus tratadas. A proteína total foi de 124,08 ± 12,58 e 139,30 ± 8,09 mg/g.b.wt a 10 mg/mL, respetivamente, enquanto que no grupo de controlo foi de 147,63 ± 16,18 e 162,46 ± 14,86 mg/g.b.wt.

Tabela 6. Efeito das AgNPs sintetizadas no conteúdo total de proteínas das larvas de 4º instar de A. stephensi e C. quinquefasciatus

Espécies	Controlo [Teor médio de proteínas totais (mg/g) ± E.S.)	AgNPs tratadas (Teor médio de proteínas totais (mg/g) ±S.E.)
A. stephensi 10 (mg/ml)	147.63±16.18	124.08±12.58
C. quinquefasciatus 10 (mg/ml)	162.46±14.86	139.30±8.09
P.valor	*< 0.005	*< 0.005

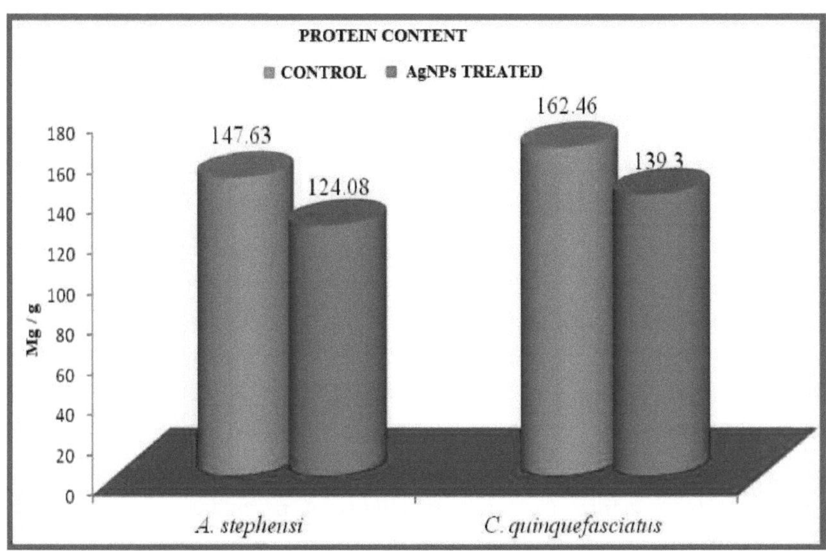

Fig.18. *Teor proteico das larvas de A. stephensi e C. quinquefasciatus tratadas com AgNPs e controlo*

4.4.4. Efeito das AgNPs sintetizadas nos aminoácidos

A análise química do corpo das larvas utilizando o analisador de aminoácidos indicou que o corpo das larvas de A. stephensi e C. quinquefasciatus continha 15 aminoácidos livres diferentes (quadro 7 e 8 e figs.19, 20, 21 e 22). Os resultados apresentados na tabela (7 e 8) mostraram que os aminoácidos mais abundantes no corpo das larvas não tratadas e tratadas de A. stephensi e C. quinquefasciatus eram glutâmico, aspártico e prolina, seguidos de alanina, licina, histidina valina, arginina, serina, mas treonina, tirosina, isoleucina e glicina eram os mais baixos.

É claro a partir dos resultados obtidos na tabela (7 e 8); a concentração total de todos os 15 aminoácidos foi grandemente diminuída pelo tratamento de larvas de quarto instar de A. stephensi e C. quinquefasciatus com AgNPs sintetizadas em comparação com larvas não tratadas. A concentração total de todos os 15 aminoácidos testados foi de 1336,54 e 1531,62 µg/ml para as larvas tratadas com Ag NPs e 3145,83 e 3283,98 µg/ml a 10 mg/mL para as larvas de controlo, respetivamente. Os dados da tabela (7 e 8) mostram claramente que o composto testado diminuiu os valores de aminoácidos livres e a concentração total de aminoácidos no corpo larvar de A. stephensi e C. quinquefasciatus.

Os dados da Tabela (7 e 8) mostram que o ácido aspártico foi o valor mais alto; sua concentração foi de 242,06 e 242,48 µg/ml a 10mg/ml para larvas tratadas contra A. stephensi e C. quinquefasciatus, respetivamente. O valor do ácido aspártico com o controlo foi de 475,28 e 456,02 µg/ml. O valor de isoleucina foi de 123,28 e 140,04 µg/ml para larvas tratadas e 243,20 e 228,50 µg/ml para larvas de controlo a 10 mg/ml, respetivamente. O valor de glicina foi de 136,34 e 146,32 µg/ml para as larvas tratadas e 321,82 e 341,02 µg/ml a 10 mg/ml para o controlo, respetivamente. O valor da prolina foi de 83,04 e 116,44 µg/ml para as larvas tratadas e 313,24 e 332,06 µg/ml a 10 mg/ml para o controlo, respetivamente.

Os dados apresentados na Tabela (7) mostram a percentagem de redução de todos os aminoácidos testados contra A. stephensi. A percentagem de redução a 10 mg/ml foi de 56,68, 52,80, 76,34, 72,20, 48,64, 62,05, 78,86, 76,44, 68,01, 74,66, 76,58, 53,84, 68,60, 36,19 e 72.48 % com ácido glutâmico, aspártico, histidina, licina, arginina, isoleucina, leucina, alanina, glicina, fenialanina, prolina, serina, tirosina, treonina e valina, respetivamente.

Os dados apresentados na Tabela (8) mostram a percentagem de redução de todos os aminoácidos testados contra C. quinquefasciatus. A percentagem de redução a 10 mg/ml foi de 62,04, 60,42, 86,08, 62,24, 58,44, 72,65, 78,26, 74,64, 72,01, 80,36, 74,68, 70,46, 66,80, 42,68 e 76.42 % com ácido glutâmico, aspártico, histidina, licina, arginina, isoleucina, leucina, alanina, glicina, fenialanina, prolina, serina, tirosina, treonina e valina, respetivamente.

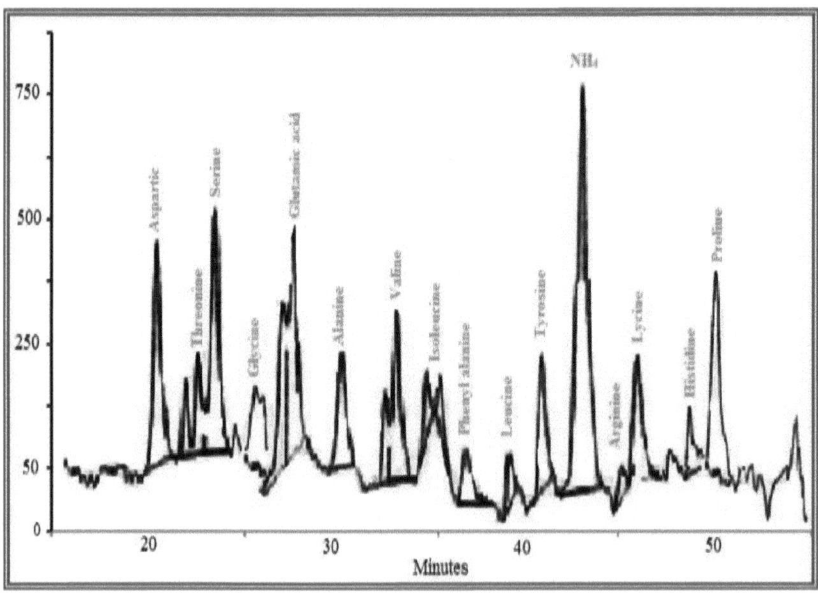

Fig.19. *Padrão de aminoácidos no tecido do corpo inteiro de larvas de quarto instar de A. stephensi não tratadas*

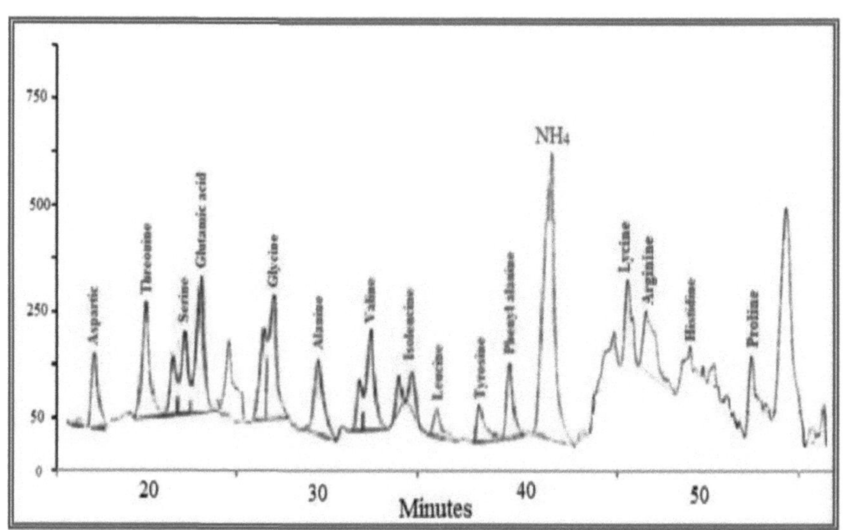

Fig.20. Padrão de aminoácidos no tecido do corpo inteiro de larvas de quarto instar não tratadas de C. quinquefasciatus

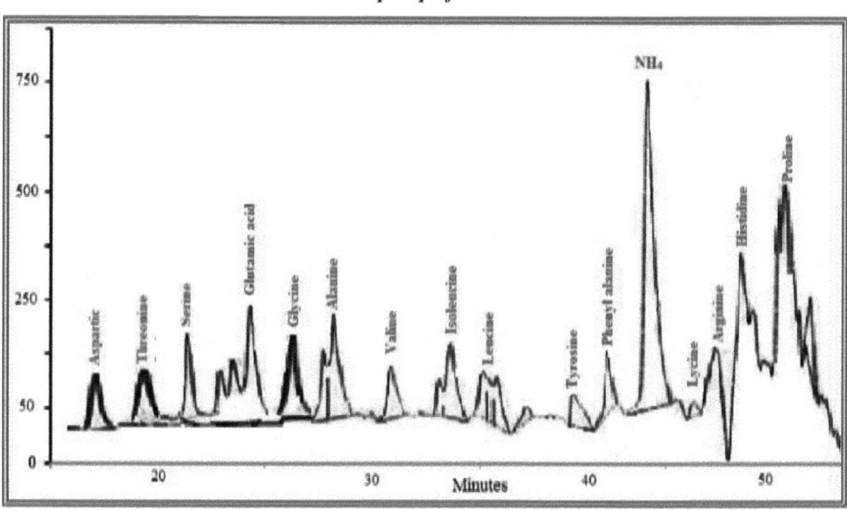

Fig.21. Padrão de aminoácidos no tecido do corpo inteiro de larvas de quarto instar de A. Stephensi tratadas com AgNPs sintetizadas

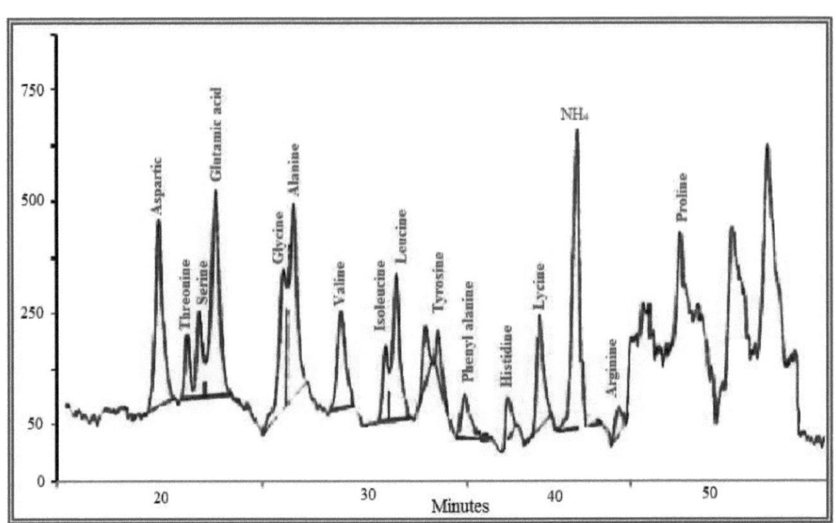

Fig.22. *Padrão de aminoácidos no tecido do corpo inteiro de larvas de quarto instar de C. quinquefasciatus tratadas com AgNPs sintetizadas*

Tabela 7. *Efeito das NPs de Ag sintetizadas nos aminoácidos das larvas de 4° instar de A. stephensi*

Amino	Controlo A. stephensi		A. stephensi tratado	% de redução
ácidos	Conc. µg /ml		10 µg /ml	10 µg /ml
Ácido	Ácido glutâmico	282.12	94.32	56.68
	Aspártico	475.28	242.06	52.80
Básico	Histidina	158.14	48.60	76.34
	licina	196.28	76.14	72.20
	Arginina	234.46	98.76	48.64
Neutro	Isoleucina	243.20	123.28	62.05
	Leucina	68.86	44.06	78.86
	Alanina	89.34	62.28	76.44
	Glicina	321.82	136.34	68.01
	Fenilalanina	146.68	63.82	74.66
	Prolina	313.24	83.04	76.58
	Serina	166.28	66.48	53.84
	Treonina	124.25	54.34	68.60
	Tirosina	143.72	74.62	36.19
	Valina	182.16	68.40	72.48

64

Total		3145.83	1336.54	987.37/15=65.82%

Tabela 8. *Efeito das AgNPs sintetizadas nos aminoácidos das larvas de 4º instar de C. quinquefasciatus*

Amino ácidos	Controlo C. quinquefasciatus Conc. µg /ml	C. quinquefasciatus tratado 10 µg /ml	% de redução 10 µg /ml
Ácido	Ácido glutâmico 322.64	114.62	62.04
	Aspártico 456.02	242.48	60.42
Básico	Histidina 166.42	68.32	86.08
	licina 208.28	88.44	62.24
	Arginina 248.36	108.66	58.44
Neutro	Isoleucina 228.50	140.04	72.65
	Leucina 74.66	54.22	78.26
	Alanina 96.38	62.28	74.64
	Glicina 341.02	146.32	72.01
	Fenilalanina 168.48	86.62	80.36
	Prolina 332.06	116.44	74.68
	Serina 176.48	86.18	70.46
	Treonina 134.96	64.48	66.80
	Tirosina 143.72	68.02	42.68
	Valina 186.06	84.46	76.42
Total		3283.98	1531.62	966.18/15=64.41%

4.4.5. Efeito das AgNPs sintetizadas no teor total de lípidos

Os dados foram apresentados na (Tabela 9 e Figura 23): foi observada uma diminuição do teor de lípidos de 3,70 ± 0,42 mg/g de tecido larvar de controlo nas larvas de A. stephensi quando tratadas com AgNPs sintetizadas, para 2,65 ± 1,54 mg/g no tecido larvar de A. stephensi. No entanto, as larvas de C. quinquefasciatus tratadas com extrato de AgNPs sintetizadas também mostraram uma redução na quantidade de lípidos e diminuíram de 2,44±0,68 mg/g no controlo para 4,87±2,02 mg/g, respetivamente.

Espécies	Controlo (Teor médio de lípidos totais (mg/g) ± E.S.)	AgNPs tratadas (Teor médio de lípidos totais (mg/g) ± E.S.)
A. stephensi 10 (mg/ml)	3.70±0.42	2.65±1.54
C. quinquefasciatus 10 (mg/ml)	4.87±2.02	2.44±0.68
P.valor	*< 0.005	*< 0.005

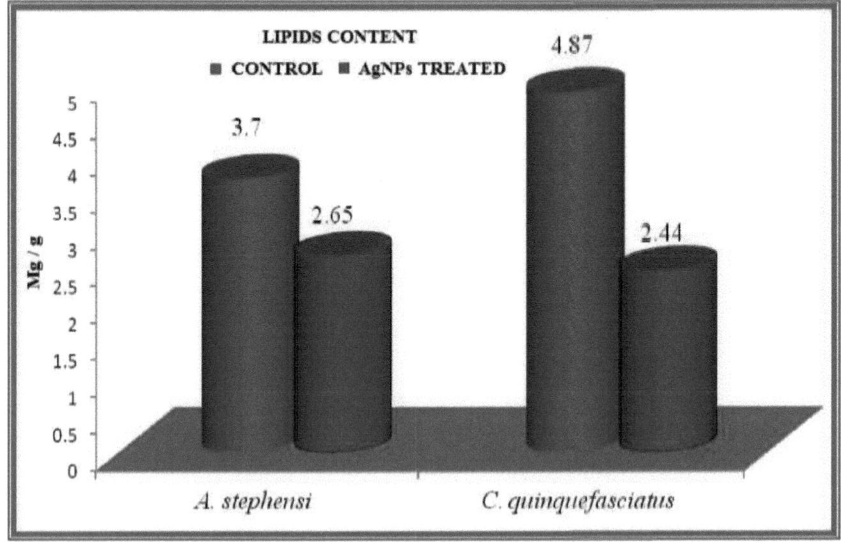

Fig.23. *Teor de lípidos das larvas de A. stephensi e C. quinquefasciatus tratadas com AgNPs e controlo*

Capítulo 5

Discussão

5.1. Nanopartículas e toxicidade para as larvas de mosquito

A nanotecnologia permite grandes avanços na investigação agrícola, como a ciência e a tecnologia da reprodução, a conversão de resíduos agrícolas e alimentares em energia e outros subprodutos úteis através do nanoprocessamento enzimático, a prevenção e o tratamento de doenças em plantas utilizando vários nanocidas (Carmen et al., 2003). A investigação em nanotecnologia incide principalmente na síntese e estabilização de vários NPS através de processos físicos e químicos. Atualmente, existe uma necessidade crescente de desenvolver um processo amigo do ambiente para a síntese de nanopartículas e, por conseguinte, a atenção centrou-se na química "verde" e nos bioprocessos (Lowenstam, 1981). O domínio da nanotecnologia disparou na última década e já existem numerosas empresas especializadas no fabrico de novas formas de matéria nanométrica, com aplicações previstas que incluem a terapêutica e o diagnóstico médicos, a produção de energia, a computação molecular e os materiais estruturais. Prevê-se que as nanotecnologias tenham um impacto de, pelo menos, 3 biliões de dólares na economia global até 2020, e as indústrias de nanotecnologia em todo o mundo poderão necessitar de, pelo menos, 6 milhões de trabalhadores para as apoiar até ao final da década (Roco et al., 2010).

As nanopartículas de prata podem ser libertadas para o ambiente através de descargas no local de produção, da erosão de materiais artificiais em produtos domésticos (revestimentos antibacterianos e filtros de água impregnados de prata) e da lavagem ou eliminação de produtos que contenham prata (Benn e Westerhoff, 2008). Os extractos de plantas, como a apiina (um composto glucósido) e o extrato de folhas de magnólia, dióspiro, gerânio e pinheiro, são utilizados como agentes redutores de Ag+ para produzir nanopartículas de prata (Kasthuri et al, 2009; Shankar et al., 2003; Song e Kim, 2009). Entre os vários métodos de síntese conhecidos, a síntese de nanopartículas mediada por plantas é preferida por ser económica, amiga do ambiente e segura para utilização terapêutica humana (Kumar e Yadav, 2009; Mohanpuria et al., 2008). Os métodos biológicos envolvem a produção de nanopartículas de prata utilizando extractos de bioorganismos como redutor, agentes de cobertura ou ambos (Li et al., 2007; Sanghi e Verma, 2009). O extrato da planta contém proteínas, aminoácidos, polissacáridos e vitaminas (Eby et al., 2009; Sharma et al., 2009).

Na procura de novas alternativas aos produtos actuais, os investigadores centraram a sua atenção nos metabolitos secundários produzidos pelas plantas. É possível que, a longo prazo, os extractos de plantas venham a substituir os compostos químicos. No presente estudo, observou-se a atividade larvicida dos extractos aquosos de folhas e das NPs de Ag sintetizadas de V. rosea. No entanto, a boa atividade foi observada no extrato aquoso de V. rosea e nas AgNPs sintetizadas contra A. stephensi e C. quinquefasciatus. Da mesma forma, Velayutham et al. (2011) relataram que os extractos aquosos de folhas brutas de Catharanthus roseus mostraram uma atividade parasitária máxima contra os adultos de Hippobosca maculata e Bovicola ovis com valores LD50 de 36,17 e 30.35 mg/L, e valores de r2 de 0,948 e 0,908 e nanopartículas de dióxido de titânio sintetizadas (TiO2 NPs) contra H. maculata e B. ovis com valores de LD50 de 7,09 e 6,56 mg/L, e valores de r2 de 0,880 e 0,913, respetivamente.

Autores anteriores relataram que os extratos aquosos larvicidas de folhas brutas e nanopartículas de prata sintetizadas (Ag NPs) de Mimosa pudica mostraram a maior mortalidade em Ag NPs sintetizadas contra as larvas de A. subpictus e C. quinquefasciatus (LC50 = 13,90 e 11,73 mg / L, r2 = 0,411 e 0,286), respetivamente (Marimuthu et al., 2011). Na folha de Nelumbo nucifera, a eficácia máxima das Ag NPs sintetizadas foi observada em metanol bruto, aquoso e Ag NPs sintetizadas contra as larvas de A. subpictus (LC50 = 8,89, 11,82 e 0.69 ppm; LC90=28,65, 36,06, e 2,15 ppm) e contra as larvas de C. quinquefasciatus (LC50=9,51, 13,65, e 1,10 ppm; LC90=28,13, 35,83, e 3,59 ppm), respetivamente (Santhoshkumar et al, 2011). A atividade larvicida de NPs de Ag sintetizadas utilizando um extrato aquoso de Eclipta prostrata foi observada em NPs de Ag aquosas brutas e sintetizadas contra C. quinquefasciatus (LC50 27,49 e 4,56 mg/l; LC9070,38 e 13,14 mg/l) e contra A. subpictus (LC50 27,85 e 5,14 mg/l; LC90 71,45 e 25,68 mg/l), respetivamente (Rajakumar e Rahuman, 2011). As NPs de Ag sintetizadas pelo fungo filamentoso Cochliobolus lunatus e a sua atividade larvicida foram testadas em várias concentrações (10, 5, 2,5, 1,25, 0,625 e 0,3125 ppm) contra larvas de segundo, terceiro e quarto ínstar de A. aegypti (LC50 1.29, 1.48, e 1.58; LC90 3.08, 3.33, e 3.41 ppm) e contra A. stephensi (LC50 1.17, 1.30, e 1.41; LC90 2.99, 3.13, e 3.29 ppm) respetivamente (Salunkhe et al, 2011). Em nossa observação, as NPs de Ag sintetizadas de V. rosea mostraram atividade larvicida promissora contra A. stephensi e C. quinquefasciatus na concentração de 10 mg/mL. Os resultados deste estudo podem contribuir para uma grande redução na aplicação de insecticidas sintéticos, o que, por sua vez, aumenta a oportunidade de controlo natural de vários vectores medicamente importantes através de produtos químicos botânicos. Uma vez que estas são frequentemente activas contra um número limitado de espécies, incluindo insectos-alvo específicos, menos dispendiosas, facilmente biodegradáveis a produtos não tóxicos e potencialmente adequadas para utilização no programa de controlo de mosquitos (Alkofahi et al., 1989), podem conduzir ao desenvolvimento de novas classes de possíveis agentes de controlo de insectos mais seguros. Os aleloquímicos vegetais podem ser bastante úteis para aumentar a eficácia dos agentes de controlo biológico, porque as plantas produzem uma grande variedade de compostos que aumentam a sua resistência ao ataque de insectos (Murugan et al., 1996; Nathan et al., 2005a).

Os nossos resultados concordam com alguns estudos anteriores, tais como o extrato de metanol da folha de Cassia fistula foi testado quanto à atividade larvicida contra Cx. quinquefasciatus e An. stephensi, com os valores LC50 de 17,97 e 20,57 mg/l, respetivamente (Govindarajan et al.,2006). O extrato aquoso de folhas de Calotropis procera indicou que a inibição de 50% da emergência de adultos (EI50) foi mostrada a 277,90 e 183,65 ppm para An. arabiensis e Cx. quinquefasciatus, respetivamente, e a fase de pupa não foi afetada até uma concentração de 5000 ppm (Elimam et al.,2009). A ação larvicida, inibidora do crescimento e repelente do óleo de Dalbergia sissoo foi avaliada contra A. stephensi, A. aegypti e C. quinquefasciatus em condições laboratoriais e não se observou a emergência de adultos a 4 ml/m2 (Ansari et al.,2000Os extractos de acetona, clorofórmio, acetato de etilo, hexano e metanol da casca, folha e flor de Citrus sinensis, Ocimum canum, Ocimum sanctum e Rhinacanthus nasutus testados contra larvas de quarto instar de A. stephensi foram o extrato metílico da casca de C. sinensis, os extractos de acetato de etilo da folha e da flor de O. canum apresentaram a maioria das actividades contra as larvas de A. stephensi (LC50= 95,74, 101,53, 28,96; LC90 = 303,20, 492,43 e 168,05 ppm), respetivamente (Kamaraj et al., 2008).

Nathan et al. (2005b) consideraram limonóides puros de sementes de nim, testando a atividade biológica, larvicida, pupicida, adulticida e antioviposicional do An. stephensi e a mortalidade larvar foi dependente da dose, com a dose mais elevada de 1 ppm de azadiractina a provocar quase 100% de mortalidade, afectando a atividade pupicida e adulticida e diminuindo significativamente a fecundidade e a longevidade do An. stephensi. Kamaraj et al. (2009) referiram que a mortalidade mais elevada foi encontrada nos extractos de éter de petróleo das folhas e de metanol das flores de Cassia auriculata (C. auriculata) contra as larvas de An. subpictus (LC50=44.21, 44.69; LC90=187.31, 188.29 ppm, respetivamente) e contra as larvas de Cx. tritaeniorhynchus (LC50=69.83, 51.29; LC90=335.26,245.63 ppm, respetivamente). Tawatsin et al. (2006) relataram que os óleos essenciais foram extraídos de 18 espécies de plantas, pertencentes a 11 famílias, e os óleos foram então preparados como solução a 10% em etanol absoluto com aditivos e os efeitos repelentes foram avaliados e o resultado mostrou que os mosquitos que picam a noite (A. dirus e C. quinquefasciatus) e o A. albopictus foram mais sensíveis a todos os óleos essenciais (repelência 4,5-8 h) do que o A. aegypti (repelência 0,3-2,8 h), enquanto o deet e o IR3535 proporcionaram uma excelente repelência contra o A. aegypti, o A. albopictus, o A. dirus e o C. quinquefasciatus (repelência 6,7-8 h). Todas as toxinas utilizadas no controlo de vectores apresentam alguns riscos para o utilizador e também para o ambiente aquático. Assim, esta investigação centra-se principalmente na procura de novos insecticidas que sejam mais eficazes, biodegradáveis e também facilmente disponíveis a baixo custo. Na nossa observação, os extractos aquosos e sintetizados de Ag NPs de V. rosea possuíam uma potencial atividade larvicida contra os vectores da malária e da filariose.

A cor castanha caraterística das soluções de prata forneceu uma assinatura espectroscópica conveniente para indicar a sua formação. Estas cores surgem devido à excitação da ressonância plasmónica de superfície (SPR) nas nanopartículas metálicas. Observou-se que a intensidade de plasmon no tempo de reação de 10 minutos é próxima da intensidade de plasmon aos 15 minutos, o que significa que a reação está concluída. Observou-se que as nanopartículas de Ag são estáveis em solução e apresentam muito pouca agregação. Além disso, as bandas plasmónicas são alargadas com uma cauda de absorção nos comprimentos de onda mais longos, o que pode ser devido à distribuição do tamanho das partículas.

O efeito do tempo de contacto na síntese de NPs de Ag foi avaliado com espectros UV-visíveis e observou o extrato aquoso de Cissus quadrangularis e a solução de AgNO3. A mudança de cor foi observada de amarelo claro para castanho durante o período de incubação de 30 minutos. O pico máximo foi observado a 420 nm (Santhoshkumar et al., 2012). Savithramma et al. (2011) relataram a síntese de Ag NPs de extractos de casca de caule de Boswellia valifoliolata, Shorea tumbuggaia e extrato de folha de Svensonia hyderobadensis. O tempo de duração da mudança de cor varia de planta para planta. As NPs de Ag sintetizadas pela B. ovalifoliolata apresentaram uma mudança de cor em 10 minutos, enquanto que a S. tumbuggaia e a S. hyderobadensis completaram a síntese de nanopartículas em 15 minutos. O espetro UV-visível das soluções coloidais de NPs de Ag sintetizadas a partir de B. ovaliofoliolata, S. tumbuggaia e S. hyderobadensis apresentou picos de absorção a 350 nm, 430 e 300 a 400 nm, respetivamente. Marimuthu et al. (2011) referiram que a cor do extrato mudou para castanho-claro no espaço de uma hora e depois mudou para castanho-escuro durante o período de incubação de 6 h, após o qual não se verificaram alterações significativas. O espetro de absorção dos extractos de folhas de M. pudica em diferentes comprimentos de onda, de 300 a 600 nm, revelou um pico a 420 nm.

Foram efectuados estudos larvicidas contra C. quinquefasciatus e os resultados foram comparados com a permetrina a granel. A LC50 da nanopermetrina e da permetrina a granel para C. quinquefasciatus foi de 0,117 e 0,715 mg/L, respetivamente (Anjali et al., 2010). Sakulku et al. (2009) relataram a baixa taxa de libertação da nanoemulsão com um tamanho de gotícula grande que resultou numa atividade repelente de mosquitos prolongada em comparação com a nanoemulsão com um tamanho de gotícula pequeno. Embora tenha sido feita uma tentativa de desenvolver óleo essencial para pesticidas e insecticidas numa variedade de formulações solúveis em água, como a nanoemulsão incorporada com β-cipermetrina (Wang et al., 2007) e microcápsulas carregadas com óleo essencial para controlo de pragas (Moretti et al., 2002).

Dubey et al. (2009) referiram que o tamanho dos nanocristalitos de prata, estimado a partir da largura total a meio máximo do pico (111) da prata utilizando a fórmula de Scherrer, era de 20-60 nm. Além disso, foram observados dois pequenos picos de impureza insignificantes a 60° e 70°, que podem ser atribuídos a outras substâncias orgânicas no sobrenadante da cultura. O padrão de XRD ilustra claramente que as nanopartículas de prata formadas na presente síntese eram de natureza cristalina. Krishnaraj et al. (2012) relataram que os padrões de XRD de AgNPs secas a vácuo sintetizadas usando Bacopa monnieri cultivada hidroponicamente e os números de reflexões de Bragg com valores 2θ foram 38,1° (111), 44,3° (200) e 64,4° (220). Os padrões de XRD das AgNPs sintetizadas utilizando o extrato de folhas de Eclipta prostrata e o número de reflexões de Bragg com valores 2h de 38,06o, 44,35o, 64,51o e 77,36o são observados em conjuntos de planos de rede que podem ser indexados aos factos (111), (200), (220) e (311) da prata, respetivamente (Rajakumar e Rahuman, 2011). Bar et al. (2009) relataram que a análise de XRD de NPs de Ag sintetizadas usando látex de extrato de Jatropha curcas mostrou quatro difracções distintas 38,03°, 46,18°, 63,43° e 77,18° que indexaram às facetas (111), (200), (220) e (311) da prata, respetivamente. Zargar et al. (2011) relataram os padrões de XRD de NPs de Ag sintetizadas e secas a vácuo usando Vitex negundo e os padrões de XRD de Ag/Vitex negundo indicaram que a estrutura das NPs de Ag é cúbica facetada (fcc). As nanopartículas de NPs de Ag tinham um perfil de difração semelhante em 2θ de 38,17°, 44,31°, 64,44°, 77,34° e 81,33°, o que pode ser atribuído aos planos cristalográficos 111, 200, 220, 311 e 222 dos cristais de prata cúbicos de face centrada (fcc), respetivamente. A nanoestrutura de prata biossintetizada utilizando o extrato de folha de Padina tetrastromatica foi ainda demonstrada e confirmada pelos picos caraterísticos observados na imagem XRD a 2θ = 28,09°, marcados com (220). Foram observadas várias reflexões de Bragg correspondentes aos conjuntos de planos de rede (220), que podem ser indexados com base na estrutura cristalina centrada na face da prata. O padrão de XRD mostrou assim claramente que as NPs de Ag eram de natureza cristalina (Jegadeeswaran et al., 2012). Nagajyoti et al. (2011) relataram as NPs de Ag sintetizadas utilizando extrato de folhas de Saururus chinenis e o XRD confirmou a existência de colóides de prata na amostra. As reflexões de Braggs observadas em 2θ = 15,3°, 32,22°, 32,96° e 38,08°. Um forte pico de difração localizado a 38,2° foi atribuído às facetas (111) da prata, respetivamente. O padrão de XRD ilustra claramente que as NPs de Ag formadas na presente síntese eram de natureza cristalina. Por conseguinte, os resultados de XRD sugerem que a cristalização da fase bioorgânica ocorre na superfície das AgNPs.

O pico FTIR localizado a cerca de 2.359 cm-1 foi atribuído às vibrações de estiramento N-H ou às vibrações de estiramento C=O. Uma banda larga e intensa a 3.402 cm-1 nos espectros pode ser atribuída à frequência de estiramento N-H resultante das ligações peptídicas presentes nas proteínas do extrato (Mukherjee et al., 2008). O presente resultado dos espectros de FTIR mostrou uma banda de absorção forte e nítida entre 3406,71 e 3431,90 cm-1 , dupla no caso do grupo NH2 de uma amina primária (estiramento N-H) e a presença de um pico nítido entre 2926,54 e 2925,80 cm-1 , muito largo, que parece frequentemente uma linha de base distorcida (ácidos carboxílicos O-H). Assim, prova-se que as NPs de Ag sintetizadas foram sintetizadas com compostos de plantas envolvidos na redução biológica do AgNO3. Manopriya et al. (2011) relataram que o espetro FTIR de NPs de Ag sintetizadas a partir de extratos de Euphorbia hirta e Nerium indicum foi realizado para identificar as possíveis biomoléculas responsáveis pelo capeamento e estabilização eficiente das nanopartículas metálicas sintetizadas por caldo de folhas. Os picos próximos de 3440 cm-1, 2924 cm-1 e 2854 cm-1 foram atribuídos ao estiramento OH e ao estiramento C-H aldeídico, respetivamente. A banda mais fraca a 1629 cm-1 corresponde à amida I que surge devido ao estiramento de carbonilo nas proteínas. O pico a 1041 cm-1 corresponde à vibração de estiramento C-N da amina. O pico próximo de 1741 cm-1 corresponde ao estiramento C=C (não conjugado). O pico próximo de 833 cm-1 é atribuído a -C=CH2. Os picos próximos de 677 cm-1 e 651,96 cm-1 atribuídos a vibrações de flexão fora do plano de CH foram substituídos por sistemas de etileno -CH=CH(cis).

Raj et al. (2012) relataram as NPs de Ag bio-reduzidas sintetizadas pelo extrato de folhas de Aristolochia bracteata e os espectros representativos obtidos a partir de nanopartículas manifestam picos de absorção localizados a cerca de 3382,24 cm-1, 2915,81 cm-1, 1638,02 cm-1, 1525,27 cm-1, 1381,96 cm-1, 1033,34 cm-1 e 479,82 cm-1 na região de 4000 cm-1 a 500 cm-1. Os espectros FTIR revelaram a presença de diferentes grupos funcionais como álcool secundário (estiramento O-H, ligação H), alcanos (estiramento -C-H-), alceno (estiramento C=C-), aromáticos (estiramento C=C), alcano (flexão -C-H), éter (estiramento C-O), alceno (flexão =C-H). As proteínas presentes no extrato podem ligar-se às NPs de Ag através de grupos amino ou carboxilo livres nas proteínas. Mary e Inbathamizh (2012) relataram que a análise espetral FTIR das NPs de Ag mostrou certas bandas de absorção comuns a 3398 cm-1, caraterísticas de υ (OH) e υ (N-H) frequências vibracionais entre 2899 e 2977 cm-1 eram caraterísticas de uma vibração simétrica υ (C-H) de hidrocarboneto saturado. A frequência vibracional υ (C-O) foi observada nos espectros dos extractos a 1047 e 1087 cm-1. Observou-se um desvio desta região para um número de onda mais elevado, o que é indicativo de uma amida secundária. Estes picos eram mais nítidos do que os picos υ (O-H) devido à redução das ligações de hidrogénio que aumentavam com a eletronegatividade e os picos a 1654 cm-1 no extrato indicavam a possibilidade de um composto aromático. Com base no estado físico dos extractos e nas caraterísticas dos picos de vibração no infravermelho nos espectros, os terpenóides, os ácidos gordos de cadeia longa e os derivados de amidas secundárias eram os compostos possíveis nas NPs obtidas.

Mallikarjuna et al. (2011) relataram que as medições de FTIR foram realizadas para identificar as biomoléculas para a cobertura e estabilização eficiente das NPs metálicas sintetizadas pelo caldo de folhas de Ocimum sanctum. O espetro de FTIR das NPs de Ag mostrou que a banda a 3419 cm-1 corresponde a álcoois e fenóis ligados a H de estiramento O-H 185. O pico a 2923 cm-1 corresponde ao estiramento O-H dos ácidos carboxílicos. O pico a 1648 cm-1 corresponde à curva N-H de aminas primárias. O pico a 1376 cm-1 corresponde ao estiramento C-N do grupo amina aromática e as bandas observadas a 1163, 1113, 1059 cm-1 correspondem ao estiramento C-N de álcoois, ácidos carboxílicos, éteres e ésteres. Por conseguinte, as NPs sintetizadas estavam rodeadas de proteínas e metabolitos, tais como terpenóides com grupos funcionais de álcoois, cetões, aldeídos e ácidos carboxílicos. A partir da análise dos estudos FTIR, confirmámos que o grupo carbonilo se liga ao metal, o que indica que as proteínas podem eventualmente ser provenientes das NPs metálicas para evitar a aglomeração e, assim, estabilizar o meio. Isto sugere que as moléculas biológicas poderiam possivelmente desempenhar funções duplas de formação e estabilização de NPs de Ag no meio aquoso.

A forma das partículas de AgNPs mediadas por plantas era maioritariamente esférica, com exceção do neem (Azaddirachita indica), que produziu partículas polidispersas com morfologia esférica e plana, com 5-35 nm de tamanho (Shankar et al., 2004). Para os estudos SEM, as misturas de reação foram secas ao ar em bolachas de silício. Como resultado, foi observado um fenómeno de anel de café. É sabido que quando os líquidos que contêm partículas finas são evaporados numa superfície plana, as partículas acumulam-se ao longo do bordo exterior e formam estruturas típicas (Chen e Evans, 2009). A imagem SEM mostra as NPs de Ag de alta densidade sintetizadas pelo extrato de folhas de Andrographis paniculata e confirma ainda mais o desenvolvimento de nanoestruturas de prata pelo extrato da planta. As formas das NPs de Ag provaram ser esféricas. As NPs não estavam em contacto direto, mesmo dentro dos agregados, o que indica a estabilização das nanopartículas por um agente de cobertura (Panneerselvam et al., 2011). As NPs de Ag foram sintetizadas em verde utilizando o extrato de folhas de Euphorbia hirta e a imagem SEM mostrou nanopartículas de forma relativamente esférica formadas com uma gama de diâmetros de 40-50 nm (Elumalai et al., 2010). A análise SEM de NPs de Ag sintetizadas a partir de extractos de folhas de Cardiospermum helicacabum e a amostra após redução mostraram a presença de

AgNO3 na amostra e tinham uma forma esférica, bem distribuída sem agregação na solução com o tamanho médio de cerca de 5-50 nm (Bhaskar Mitra et al., 2012). As micrografias SEM representativas das misturas de reação contendo 10 mg de pó de extrato de folhas de V. rosea e 1,0 mM de nitrato de prata incubadas durante 15 minutos, ampliadas 10.000X e 15.000X, apresentavam um tamanho de partícula de 120 nm. As determinações SEM da amostra acima mencionada mostraram a formação de nanopartículas, que foram confirmadas como sendo de prata por EDX. As nanopartículas de prata foram caracterizadas por TEM e por sistemas de granulometria. As imagens TEM de nanopartículas de prata de Emblica officinaris também eram predominantemente esféricas com um tamanho médio de 16,8 nm, variando de 7,5 a 25 nm (Ankamwar et al., 2005).

Uma redução imediata de iões de prata na presente investigação pode ter resultado de fitoquímicos solúveis em água, como flavonas, quinonas e ácidos orgânicos (oxálico, málico, tartárico) presentes no parênquima da folha. A redução da prata conseguida devido a fitoquímicos (flavonóides ou outros polifenóis) presentes nas folhas de V rosea pode ser considerada como um avanço significativo nesta direção. Recentemente, foi efectuado um grande número de trabalhos sobre a redução de nanopartículas metálicas assistida por plantas e os fitoquímicos candidatos responsáveis foram amplamente determinados como terpenóides (citronelol e geraniol), flavonas, cetonas, aldeídos, amidas e ácido carboxílico à luz de estudos exaustivos de IR (Shankar et al.2004).

5.2. Estudo histológico

A literatura não revela outros estudos sobre as propriedades larvicidas das nanopartículas de prata sintetizadas e do extrato aquoso das folhas de V. rosea para culicídeos. Entretanto, estudos considerando outras plantas como base para concentrações letais serviram de referência para este estudo do potencial de V. rosea para uso no controle de A. stephensi e C. quinquefasciatus. Pizzarro et al. (1999) estudaram a atividade do extrato bruto desidratado e da fração saponínica de Agave sisalana e estimaram concentrações letais de CL50, CL90 e CL95 para C. quinquefasciatus de terceiro instar que foram 183, 408 e 512 ppm, respetivamente. Estas concentrações são muito mais elevadas do que as relatadas neste estudo, mas estes autores sugerem a sua utilização para o controlo deste mosquito. Os efeitos histopatológicos observados das nanopartículas de prata sintetizadas de V. rosea no intestino médio de larvas de quarto instar de A. stephensi e C. quinquefasciatus são consistentes com os resultados de outros estudos sobre larvas de C. pipiens (Hamouda et al., 1996; Hussin e Shoukry, 1997; Massoud e Labib, 2000; Assar e El-Sobky, 2003). Estes estudos descobriram que as larvas tratadas foram afectadas na camada epitelial, que estava vaculada. Também observaram células inchadas, massas de material celular na parte anterior do intestino médio e a perda da aparência do epitélio. A porção apical das células colunares do intestino estava inchada e, por vezes, alongamentos distintos sobressaíam no seu lúmen como eversões bulbosas. Os resultados da presente investigação revelam que as nanopartículas de prata sintetizadas e o extrato aquoso de folhas de V. rosea apresentam uma atividade larvicida notável contra os mosquitos A. stephensi e C. quinquefasciatus.

5.3. Bioquímica da análise quantitativa

Os dados da tabela (1) mostram claramente que o composto testado diminuiu os valores de aminoácidos livres e a concentração total de aminoácidos no corpo larvar de A. stephensi e C. quinquefasciatus. Este efeito foi dependente da dose. Estes resultados concordam com os obtidos por Bakr (1986), que afirmou que a dimilina, o BAY SIR 8514 e o altoside diminuíram alguns aminoácidos das larvas de Musca domestica. Por outro lado, a dimilina, o BAY SIR 8514 e o altosid aumentaram os valores da maioria dos aminoácidos livres. De acordo com Hackman (1953), as proteínas cuticulares têm um elevado teor de prolina e tirosina. Sendo a tirosina o precursor para a formação de polifenóis e quinonas necessários para a formação do escurecimento e endurecimento da cutícula larvar que dá origem à pupação, a acumulação destes dois aminoácidos sugere, portanto, a preparação da larva para a síntese de proteínas cuticulares e o bronzeamento associado. Várias experiências indicam que os aminoácidos livres desempenham um papel importante na desintoxicação. No Bombyx, a glicina conjuga-se com o ácido benzoico para formar o ácido hipúrico, um mecanismo de desintoxicação semelhante ao dos animais superiores. O local da hippuricase que regenera a glicina a partir do hippurato foi detectado tanto no corpo adiposo como na glândula da seda. Além disso, a hisidina, tal como a glicina, serve como agente de desintoxicação nos insectos (Shyamala, 1964).

A prolina é conhecida por ser uma possível reserva de energia, uma vez que é um derivado do ácido glutâmico e pode entrar no ciclo cítrico após desaminação em ácido α-cetoglutárico (Brusell, 1963). A concentração variável de prolina nos diferentes níveis de dose deve-se provavelmente às taxas variáveis de utilização dos aminoácidos como fonte de energia no mecanismo de reparação. Chen (1974) referiu que a alanina é uma transaminase muito ativa e desempenha um papel importante na produção de glucose a partir do ácido pirúvico através da transaminação. O sistema glutâmico-alanina transaminase serve como via principal tanto na desaminação do ácido glutâmico em ácido cetoglutárico como na conversão do ácido pirúvico em alanina. Krap (1979) referiu que existem 20 aminoácidos diferentes normalmente em dipeptídeos e proteínas de cadeia polipeptídica. As proteínas são compostas quer totalmente por aminoácidos, quer por aminoácidos ligados a alguns tipos de moléculas. Existem diversas funções que requerem proteínas específicas. Além disso, as proteínas fornecem suporte estrutural tanto no interior da célula como no espaço extracelular. Por conseguinte, o efeito e a função dos materiais utilizados na proteína através da presença, aumento ou/e redução destes aminoácidos.

Os aminoácidos são necessários para a produção de proteínas estruturais e enzimas (estão presentes na alimentação sob a forma de proteínas). As proteínas ou aminoácidos são sempre essenciais na dieta. Embora sejam necessários cerca de 20 aminoácidos para a produção de proteínas, apenas 10 são essenciais na dieta, podendo os outros ser sintetizados a partir destes dez, tal como acontece noutros animais. Os insectos não conseguem sintetizar certos aminoácidos e muitos outros compostos orgânicos de que necessitam, mas obtêm-nos através do consumo de outros organismos vivos ou mortos ou de plantas verdes. Os dez aminoácidos essenciais são a arginina, a lisina, a leucina, a isoleucina, o triptofano, a histidina, a fenilalanina, a metionina, a valina e a treonina. No gérmen, a ausência de qualquer um destes ácidos essenciais impede o crescimento. Embora outros aminoácidos não sejam essenciais, são necessários para um crescimento ótimo Os ácidos glutâmico e aspártico são necessários, para além dos aminoácidos essenciais, para um bom crescimento (Chapman, 1988). Bakr et al. (1991) mencionaram que o conjunto total de aminoácidos livres nas larvas e pupas de M. domestica foi aumentado pelo tratamento com dimilina, BAY SIR 8514. O aumento de aminoácidos livres nas fases tratadas pode ser interpretado como sendo devido à inibição da formação de proteínas. Abou EL-Ela et al. (1993) mostraram que o tratamento de larvas de Synthesiomyia nudiseta com dimilin, BAY SIR e altosid induziu algumas variações nos aminoácidos das pupas resultantes. Zeenath e Nair (1994) concluíram que, quando as larvas de sexto instar de Spodoptera mauritia foram tratadas com o análogo da hormona juvenil hidroprene, a concentração total de aminoácidos aumentou.

Abdel Hafez et al. (1988) afirmaram que, quando as larvas de S. littoralis eram tratadas com diflubenzurão e triflumurão, o nível de ácido amiónico livre diminuía. Ahmed e Mostafa (1989) referiram que os aminoácidos livres das larvas de S. littoralis diminuíram com o tratamento com triflumurão e clorfluazurão. Além disso, o ácido glutâmico nas larvas tratadas com clorfluazurão e o triptofano nas larvas tratadas com triflumurão registaram uma diminuição significativa.

O teor de proteínas foi aumentado por pyriprxylen e chlorfluazuron noutras espécies de insectos por (El-Sokkary, 2003) contra Schistocerca gregaria e por Farag (2001) e Abdel Aal (2002) contra S. littoralis. Por outro lado, o teor de proteínas não foi afetado pelo diflubenzurão e pelo triflumurão (El-Kordy, 1985). Por outro lado, o teor proteico foi diminuído pelo pyriproxyfen (El- Bermawy, 1994) e pelo methoxyfenozide (Assar e Abo-Shaeshae, 2004), match e cosult (Assar et al., 2010) contra M. domestica. El-Bermawy (1994) verificou que o tratamento de larvas de M. domestica com níveis variáveis de IKI, BAY SIR e sumilarv resultou numa redução do teor total de proteínas das larvas de 3º instar de M. domestica , enquanto se registou um aumento do teor total de proteínas da 1ª e 2ª larvas. O autor atribuiu esta redução ao papel inibitório dos IGRs testados na síntese de proteínas dos tecidos, enquanto que os níveis elevados de proteínas totais nos tecidos do 1º e 2º instares larvares podem ser referidos a um efeito estimulador especial dos IGRs testados ou a uma síntese de proteínas não afetada.

Guneidy et al. (2011) afirmaram que o inibidor da síntese de quitina (lufenuron) diminuiu a proteína total nos ovos de M. domestica, atingindo gradualmente o seu nível mínimo (1,17 mg de proteínas /10 mg de ovos) às 7 horas pós-viposição (embriogénese tardia). As proteínas são constituintes essenciais das células animais em geral e na manutenção de diferentes actividades. Uma vez que as proteínas são essenciais para a síntese de quitina, a depleção destas macromoléculas metabólicas indica que a produção de quitina deve ser inibida. Para além disso, as proteínas são essenciais para a produção de energia. O corpo dos insectos contém milhares de tipos diferentes de proteínas, cada uma com um objetivo muito específico. Uma proteína pode ser meramente estrutural, dando forma e força ao exoesqueleto ou ligando as células numa reação bioquímica, no armazenamento e transporte de um nutriente ou produto residual ou no movimento de uma molécula específica através das membranas celulares. A maioria dos insecticidas atualmente utilizados actua sobre proteínas-alvo envolvidas na sinalização do sistema nervoso (agentes neuroactivos), na respiração celular (desreguladores da respiração) ou no crescimento e desenvolvimento (reguladores do crescimento dos insectos). Algumas proteínas alvo contêm mais do que um local alvo ao qual os produtos de controlo de insectos se ligam para causar os seus efeitos nocivos. O efeito da ligação à proteína-alvo (inibição, ativação, etc.) e a forma como este efeito conduz aos sintomas são conhecidos como o modo de ação. O modo de ação de um produto de controlo de insectos é importante porque ajuda a determinar a segurança, a rapidez de ação e a resistência (Salgado, 1997).

Capítulo 6

Resumo e conclusão

6.1. Resumo

O extrato de folhas de V. rosea apresentava uma cor laranja clara antes da adição da solução de Ag NO3, que se transformou numa cor castanha escura após a conclusão da reação com iões Ag+ durante 15 minutos. O pico acentuado a cerca de 420 nm nos espectros de absorvância que emanam das nanopartículas de Ag confirmou a formação de NPs de Ag. Pode dever-se à excitação do efeito de ressonância plasmónica de superfície (SPR) e à redução de AgNO3.

O padrão de difração de raios X das NPs de Ag produzidas por extrato de folhas mostrou a reflexão de Bragg com base na estrutura fcc das NPs de Ag, respetivamente. As reflexões de Bragg em 2θ = 29,36o, 38,26o, 44,51o, 63,54o e 77,13o podem ser indexadas às orientações (121), (111), (200), (220) e (311), respetivamente, confirmando a presença de AgNPs.

Os picos de infravermelhos com transformada de Fourier (FTIR) para os grupos funcionais do extrato aquoso da folha de V. rosea e das NPs de Ag sintetizadas exibiram picos proeminentes nos espectros que mostraram uma banda de absorção forte e nítida entre 3406,71 e 3431,90 cm-1 dupla no caso do grupo NH2 de uma amina primária (N-H Stretch). A presença do pico agudo de 2926,54 a 2925,80 cm-1 muito largo parece frequentemente uma linha de base distorcida (ácidos carboxílicos O-H). A banda de 1633,26 a 1625,81 cm-1 foi atribuída a alcenos C=C, vibração de estiramento de anel aromático, respetivamente. Assim, prova-se que as NPs de Ag sintetizadas foram sintetizadas com compostos de plantas envolvidos na redução biológica do AgNO3.

As imagens SEM das NPs de Ag sintetizadas para V. rosea mostraram claramente formas agrupadas e irregulares, maioritariamente agregadas e com um tamanho médio de 120 nm com distância interpartículas. A ampliação a 10.000 X e 15.000 X, vezes e a sua magnitude foi medida no tamanho de 120 nm.

O EDX comprova a pureza química das AgNPs sintetizadas e a percentagem da composição química das AgNPs sintetizadas (Carbono 3,08, Oxigénio 1,25, Cloro 10,05 e Prata 85,62 em massa %).

O estudo microscópico eletrónico das nanopartículas utilizando o TEM revelou que as NPs de Ag sintetizadas apresentavam formas esféricas, triangulares truncadas e decaédricas, variando entre 25 nm e 47 nm, com um tamanho médio de 34,61 nm. As nanopartículas máximas tinham uma forma aproximadamente circular com bordos lisos.

A maior mortalidade 33%, 76% e 100% foi encontrada no extrato aquoso e 79%, 100% e 100% foi observada nas AgNPs sintetizadas contra as larvas de A. stephensi (LC50=12,47, 16,84 mg/mL e LC90=36,33 e 68,62 mg/mL) em 48 e 72 horas de exposição e contra C. quinquefasciatus (LC50=43.80 mg/mL e LC90= 120.54 mg/mL) em 72 horas de exposição e o extrato aquoso mostrou 100% de mortalidade contra A. stephensi e C. quinquefasciatus (LC50=78.62, 55.21 mg/mL e LC90= 184.85 e 112.72 mg/mL) em 72 horas de exposição a concentrações de 50mg/mL respetivamente.

A parede normal do intestino médio em A. stephensi e C. quinquefasciatus consiste em células epiteliais colunares; cada uma é cilíndrica, contendo um núcleo grande e grosseiramente granular que ocupa uma posição intermediária dentro das células. O epitélio colunar tem uma borda estriada (microvilosidades) coberta pela membrana peritrófica e secção longitudinal na região do abdómen de larvas de quarto instar de A. stephensi e C. quinquefasciatus, AgNPs sintetizadas tratadas com 10mg/mL após 72 horas.

Os resultados revelaram que o nível de glicose diminuiu de 16,84 ± 2,48 mg/g no tecido larvar de A. stephensi de controlo para 12,48 ± 1,08 mg/g em A. stephensi e que as larvas de C. quinquefasciatus foram reduzidas de 15,73 ± 2,40 mg/g no controlo para 11,31 ± 2,64 mg/g em larvas após tratamento com extrato sintetizado de AgNPs a uma concentração de 10mg/mL, respetivamente.

As AgNPs sintetizadas a partir da folha de V. rosea diminuíram o conteúdo total de glicogénio do 4º instar larvar de A. stephensi e C. quinquefasciatus tratados. O conteúdo de glicogénio foi de 17,60 ± 2,36 e 18,90 ± 2,69 mg/g. b. wt. a 10mg/mL, respetivamente. Por outro lado, o teor de glicogénio foi de 19,06 ± 3,08 e 22,62 ± 2,94 mg/g de peso vivo no grupo de controlo.

As larvas tratadas com AgNPs sintetizadas diminuíram significativamente o teor de proteína total no homogenato de larvas de 4º instar de A. stephensi e C. quinquefasciatus tratadas. A proteína total foi de 124,08 ±12,58, 139,30±8,09 mg/g.b.wt a 10 mg/mL, respetivamente, enquanto que no grupo de controlo foi de 147,63 ± 16,18 e 162,46± 14,86 mg/g.b.wt.

A análise química do corpo das larvas utilizando o analisador de aminoácidos indicou que o corpo das larvas de A. stephensi e C. quinquefasciatus continha 15 aminoácidos livres diferentes. Os aminoácidos mais abundantes no corpo das larvas não tratadas e tratadas de A. stephensi e C. quinquefasciatus foram glutâmico, aspártico e prolina, seguidos de alanina, licina, histidina valina, arginina, serina, mas treonina, tirosina, isoleucina e glicina foram os mais baixos.

O conteúdo lipídico de 3,70 ± 0,42 mg/g do tecido larval de controlo foi observado em larvas de A. stephensi quando tratadas com AgNPs sintetizadas e diminuiu para 2,65 ±1,54 mg/g no tecido larval de A. stephensi. No entanto, as larvas de C. quinquefasciatus tratadas com extrato de AgNPs sintetizadas também mostraram uma redução na quantidade de lípidos e diminuíram de 2,44±0,68 mg/g no controlo para 4,87±2,02 mg/g, respetivamente.

6.2. Conclusão

Em conclusão, propusemos um método ecológico para NPs de Ag sintetizadas pela abordagem da química verde utilizando o extrato aquoso de folhas de V. rosea em 15 minutos. O extrato de folhas de V. rosea é benigno para o ambiente e renovável, actuando como agente redutor e estabilizador. As partículas eram maioritariamente agregadas e de forma esférica e o tamanho das partículas pode ser controlado variando a concentração de AgNO3. O tamanho médio dos cristais calculado a partir da equação de Debye-Scherrer foi de 120 nm para os nanocristais de prata. As caracterizações espectroscópicas das análises UV-vis, FTIR, SEM e TEM mostraram a biossíntese de nanopartículas. O presente estudo demonstrou que a utilização de um agente redutor biológico natural e de baixo custo, o extrato aquoso de V. rosea, foi utilizado para a síntese de nanoestruturas metálicas, através de uma metodologia eficiente de nanoquímica verde, evitando a presença de solventes e resíduos perigosos e tóxicos; além disso, as nanoestruturas apresentaram uma excelente atividade larvicida contra A. stephensi e C. quinquefasciatus. Este método ecológico de síntese de NPs de Ag biológicas é aplicado em vários produtos que estão em contacto direto com o corpo humano, tais como cosméticos, alimentos e bens de consumo, para além de aplicações médicas e biotecnológicas.

Capítulo 7

Referências

> Abdel-Hafez, M.M., Shaaban, M.M., EL-Malla, M.A., Farag, M., Abdel-Kawy, A.M., 1988. Efeito dos reguladores de crescimento de insectos na atividade das transaminases com referência a proteínas e aminoácidos no bicho do algodão egípcio, Spodoptera littoralis (Boisd). Minia J Agric Res Dev 10, 1357-1372.

> Abel-Aal, A.E., 2002. Efeito de alguns reguladores de crescimento de insectos em certos aspectos biológicos, bioquímicos e histopatológicos do bicho do algodão, Spodoptera littoralis (Boisd) (Lepidoptera: Noctudidae) Tese de doutoramento, Faculdade de Ciências, Universidade do Cairo.

> Abou-EL-ELA, R.G., Taha, M.A., Rahed, S.S., Shoukry, I.F., Khalaf, A.A., 1993. Atividade bioquímica de três reguladores de crescimento de insectos na mosca Synthesiomyia nudiseta (Wulp.) (Diptera: Muscidae) J Egypt Ger Soc Zool 12(D), 15-25.

> Abu Hassan, A., Yap, H.H., 1999. Mosquitos. In: Chong NL, Jaal Z, Lee CY, Yap HH, eds. Urban pest control a Malaysian perspective. Penang: Unidade de Investigação de Controlo de Vectores, Universiti Sains Malaysia, 26-38.

> Agnihotri, M., Joshi, S., Ravi Kumar, A., Zinjarde, S., Kulkarn, S., 2009. Biossíntese de nanopartículas de ouro pela levedura marinha tropical Yarrowia lipolytica NCIM 3589. Mat Lett 63, 1231-1234.

> Ahmad, A., Mukherjee, P., Senapati, S., Mandal, D., Khan, M.I., Kumar, R., Sastry, M., 2003 Biossíntese extracelular de nanopartículas de prata utilizando o fungo Fusarium oxysporum. Colloids Surf B Biointer 28, 313-318.

> Ahmed, Y.M., Mostafa, A.M., 1989. Efeito de dois derivados de benzoilfenilureia nos constituintes da hemolinfa de larvas de Spodoptera littoralis (Bosid). Alex Sci Res 10, 209-20.

> Alkofahi, A., Rupprecht, J.K., Anderson, J.E., Mclaughlin, J.L., Mikolajczak, K.L., Scott, B.A., 1989. Procura de novos pesticidas a partir de plantas superiores. In: Arnason, J.T., Philogene, B.J.R., Morand, P. (Eds.), Insecticides of Plant Origin. American Chemical Society, Washington, DC pp. 25-43.

> Anjali, C.H., SudheerKhan, S., Goshen, K.M., Magdassi, S., Mukherjee, A., Chandrasekaran, N., 2010. Formulação de nanopermetrina dispersível em água para aplicações larvicidas. Ecotoxicol Environ Saf 73, 1932-1936.

> Ankamwar, B., Damle, C., Absar, A., Mural, S., 2005. Biossíntese de nanopartículas de ouro e prata utilizando o extrato de frutos de Emblica officinalis, a sua transferência de fase e transmetalação numa solução orgânica. J Nanosci Nanotechnol 10, 16651671.

> Ansari, M.A., Razdan, R.K., Tandon, M., Vasudevan, P., 2000. Acções larvicidas e repelentes do óleo de Dalbergia sissoo Roxb (F. Leguminosae) contra mosquitos. Bioresour Technol 73, 207-211.

> Armendáriz, V., Gardea-Torresdey, J.L., Jose-Yacaman, M., González, J., Herrera, I., Parsons, J.G., 2003. Formação de nanopartículas de ouro por biomassas de aveia e trigo. Tecnologia de Investigação de Resíduos. Actas da Conferência de 2002 sobre a Aplicação de Recursos de Resíduos. Kansas City, MO. Editado por L.E. Erickson, M.M. Rankin, Universidade do Estado do Kansas, Manhatan, K.S., 224-232.

> Assar, A.A., Abo EL-Mahasen, M.M., Khalil, M.E., Mahmoud, S.H., 2010. Efeitos bioquímicos de alguns reguladores de crescimento de insectos na mosca doméstica, Musca domestica (Diptera: Muscidae), Egito Acad J Biolo Sci 2 (2), 33-44.

> Assar, A.A., Abo Shaeshae, A.A., 2004. Efeito de dois reguladores de crescimento de insectos, metoxifenozida e piriproxifena, na mosca doméstica, Musca domestica vicina (Diptera: Muscidae). J Egypt Ger Soc Zool 44 (E), 19-42.

> Assar, A.A., El-Sobky, M.M., 2003. Estudos biológicos e histopatológicos de alguns extractos de plantas em larvas de Culex pipiens (Diptera: Culicidae). J Egypt Soc Parasitol 33, 189-200.

> Bakr, R.F., 1986. Aberrações morfogénicas e fisiológicas induzidas por certos IGRs na mosca doméstica, Musca domestica. Tese de Doutoramento, Fac. Sci., Ain Shams Univ.

> Bakr, R.F., Abdel - Razak, N.A., Hamed, M.S., Guneidy, A.M.,1991. Efeito fisiológico de alguns reguladores de crescimento de insectos nos movimentos respirométricos, proteínas totais e aminoácidos livres da mosca doméstica, Musca domestica. Ain Shams Science Bull 28 B, 169-177.

> Banwell, C.N., McCash, E.M., 1994. Fundamentals of Molecular Spectroscopy (4.ª ed.). McGraw-Hill. ISBN 0-07-707976-0.

> Bar, H., Bhui, D.K., Sahoo, G.P., Sarkar, P., Pyne, S., Misra, A., 2009. Síntese verde de nanopartículas de prata utilizando extrato de sementes de Jatropha curcas. Colloids Surf A: Physicochem Eng Aspects 1(3), 212-216.

> Bates, M., 1949. The Natural History of Mosquitoes. Macmillian Company. Nova Iorque, NY. 379 pp.

> Batre, C.P., Mittal, P.K., Adak, T., Subbarao, S.K., 2006. Eficácia da película de superfície monomolecular agnique MMF contra a reprodução de Anopheles stephensi em habitats urbanos na Índia. J American Mos Con Ass 22, 426-432.

> Beaty, B.J., Marquardt, W.C., 1996. The biology of disease vectors. Imprensa da Universidade do Colorado, Niwot, CO, EUA.

> Beauchaine, J.P., Peterman, J.W., Rosenthal, R.J., 1988. Aplicações da FT-IR/microscopia na análise forense. Microchimica Ata 94 (1-6), 133-138.

> Benn, T., Westerhoff, P., 2008. Nanopartículas de prata libertadas para a água a partir de tecidos de meias disponíveis no mercado. Environ Sci Technol 42, 4133-4139.

> Bhaskar Mitra, D., Vishnudas, Sudhindra, B., Sant, Annamalai, A., 2012. Síntese verde e caraterização de nanopartículas de prata por extractos aquosos de folhas de Cardiospermum helicacabum. Drug Invent Today 4(2), 340344.

> Borm, P., 2002. Toxicologia das partículas: da extração de carvão à nanotecnologia.

Inhal Toxicol 14, 311-324.

> Braydich-Stolle, L., Hussain, S., Schlager, J.J., Hofmann, M.C., 2005. Citotoxicidade in vitro de nanopartículas em células estaminais da linha germinal de mamíferos. Toxicol Sci 88(2), 412-419.

> Breman, J.G, 2001. The ears of the hippopotamus: manifestations, determinants, and estimates of the malaria burden. Am J Trop Med Hyg 64(12), 1-11.

> Burda, C., Chen, X., Narayanan, R., El-Sayed, M.A., 2005. Química e propriedades de nanocristais de diferentes formas. Chem Rev 105 (4), 1025-1102.

> Bursell, E., 1963. Aspects of the metabolism of amino acids in the testse fly, Glossina (Diptera). J Insect Physiol 9, 439-452.

> Busvine, J.R. 1980. Insects and Hygiene (Insectos e Higiene). Chapman and Hall. Londres, Inglaterra.

> Carmen, I.U., Chithra, P, Huang, Q., Takhistov, P, Liu, S., Kokini, J.L., 2003. Nanotech-nology: a new frontier in food science, Food Technol 57, 24-29.

> Chapman, R.F., 1988. A estrutura e a função dos insectos. English Language Book Soc. 3ª Ed. Impresso em Hong Kong por Coloicraft Ltd, Edward Arnold, Londres

> Chen, L., Evans, J.R., 2009. Estruturas em arco criadas por gotículas coloidais à medida que secam. Langmuir 25, 11299-11301.

> Chen, P.S., 1974. Metabolismo de aminoácidos e proteínas no desenvolvimento de insectos. Adv. Insect. Physiol., Vol. (3) : 69-89 J.W.L. Beament; J E Treheme e V.B., Wigglesworth (Eds.).

> Chen, W., Cai, W., Zhang, L., Wang, G., Zhang, L., 2001. Sonochemical Processes and Formation of Gold Nanoparticles within Pores of Mesoporous Silica (Processos sonoquímicos e formação de nanopartículas de ouro em poros de sílica mesoporosa). J Colloid Interface Sci 238(2), 291-295.

> Christie, M., 1958. Predação de larvas de Anopheles gambiae Giles. J Trop Med Hyg 61, 168.

> Darsie Jr, R.F., Morris, C.D., 2000. Keys to the adult females and fourth-instar larvae of the mosquitoes of Florida (Diptera: Culicidae). Technical Bulletin of the Florida Mosquito Control Association 1, 148-155.

> Dhingra, N., Jha, P, Sharma, V.P., Cohen, A.A., Jotkar, R.M., Rodriguez, P.S., Bassani, D.G., Suraweera, W., Laxminarayan, R., Peto, R., 2010. Mortalidade por malária em adultos e crianças na Índia: um inquérito de mortalidade representativo a nível nacional. Lancet 376(9754), 1768-1774.

> Dubas, S.T., Pimpan, V, 2008. Síntese assistida por ácido húmico de nanopartículas de prata e sua aplicação na deteção de herbicidas. Mat Lett 62, 26612663.

> Dubey, M., Bhadauria, S., Kushwah, B.S., 2009. Green synthesis of nanosilver particles from extract of Eucalyptus hybrida (safeda) leaf. Digest J Nanomater Biostruct 4,537-543.

> Duran, N., Marcato, P.D., Alves, O., Souza, G, 2005. Aspectos mecanísticos da biossíntese de nanopartículas de prata por diversas cepas de Fusarium oxysporum. J

Nanotechnol 3,1-7.

> Durso, S. L., Ed. 1996. The Biology and Control of Mosquitoes in California (Biologia e Controlo de Mosquitos na Califórnia). Elk Grove, Califórnia, Associação de Controlo de Mosquitos e Vectores da Califórnia.

> Eby, D., Schaeublin, N., Farrington, K., Hussain, S., Johnson, G., 2009. A lisozima catalisa a formação de nanopartículas de prata antimicrobianas. ACS Nano 3, 984-994.

> EL- Bermawy, S.M., 1994. Aberrações bioquímicas induzidas por certos reguladores de crescimento de insectos (IGRs) na mosca doméstica, Musca domestica (Muscidae : Diptera). Tese de Doutoramento, Fac. Sci. Ain Shams Univ.

> EL- Sokkary, Z. F., 2003. Efeitos bioquímicos e fisiológicos de alguns reguladores de crescimento de insectos e botânicos no gafanhoto do deserto Shistocereca gregaria, forskal. Tese de Mestrado, Fac. of Sci., Ain Shams Univ., Egito.

> Elechiguerra, J.L., Burt, J., Morones, J.R., 2005. Interação de nanopartículas de prata com o HIV-1. J Nanobiotechnol 3, 1-10.

> Elimam, A.M., Elmalik, K.H., Ali, F.S., 2009. Eficácia do extrato de folhas de Calotropis procera Ait (Asclepiadaceae) no controlo dos mosquitos Anopheles arabiensis e Culex quinquefasciatus. Saudi J Biol Sci 16, 95-100.

> EL-Kordy, M.W., 1985. O efeito de alguns reguladores de crescimento em Musca domestica (L) Tese de doutoramento, Fac. Agric., AL Azhar Univ.

> Elumalai, E.K., Prasad, T.N.V.K.V., Kambala, V., Nagajyothi, P.C., David, E., 2010 . Síntese verde de nanopartículas de prata utilizando Euphorbia hirta L e suas actividades antifúngicas. Arch Appl Sci Res 2(6), 76-81.

> Farag, A. M., 2001. Estudos bioquímicos sobre o efeito de alguns reguladores de crescimento de insectos no bicho-da-folha do algodão. Tese de Mestrado, Fac. of Agric, Cairo Univ.

> Farokhzad, O.C., Cheng, J., Teply, B.A., Sheriff, I., Jon, S., Kantoff, P.W., Richie, J.P., Langer, R., 2006. Bioconjugados de aptâmeros de nanopartículas direcionados para a quimioterapia do cancro in vivo. Proc Natl Acad Sci 103(16), 6315-6320.

> Fendler, J. H., 1998. Nanopartículas e Filmes Nanoestruturados: Preparation, Characterisation and Applications; Wily-VCH: Nova Iorque.

> Frattini, A., Pellegri, N., Nicastro, D., de Sanctis, O., 2005. Efeito dos grupos amina na síntese de nanopartículas de Ag utilizando aminosilanos. Mater Chem Phys 94, 148-152.

> Gaft, M., Reisfeld, R., Panczer, G, 2005. Luminescence spectroscopy of minerals and materials (Espectroscopia de luminescência de minerais e materiais). Springer. p. 263. ISBN 3-540-21918-8.

> Gillies, M.T., 1955. A fase pré-gravídica do desenvolvimento ovariano em Anopheles funestus. Ann Trop Med Parasitol 49, 320-325.

> Govindarajan, M., Jebanesan, A., Pushpanathan, T., 2008. Atividade larvicida e ovicida do extrato de folhas de Cassia fistula Linn. Extrato de folha contra mosquitos vectores de filária e malária. Parasitol Res 102, 289-92.

> GPELF, 2006. Programa Mundial para a Eliminação da Filariose Linfática. Wkly

Epidemiol Rec 81(22), 221-232.

> Griffiths, P., de Hasseth, J.A., 2007. Fourier Transform Infrared Spectrometry (2ª ed.). Wiley-Blackwell. ISBN 0-471-19404-2.

> Guneidy, N.A., Salem, D.A., Helmy, N., Radwan, W.A., Bakr, R.F., Salah, S., 2011. Efeito do inibidor da síntese de quitina e de um produto residual na embriogénese de Musca domestica. J Amer Sci 7 (12), 704- 712.

> Hackman, R.H., 1953. Química da cutícula dos insectos. III Endurecimento e escurecimento da cutícula. Biochem 54, 371-377.

> Haddow, A.J., 1942. A fauna de mosquitos e o clima das cabanas nativas em Kisumu, Quénia. Bull Entomol Res 33, 91-142.

> Hamouda, L.S., Elyassaki, W.M., Hamed, M.S., 1996. Toxicidade e efeitos histopatológicos dos extractos de Artemisia Judaic e Anagallis arvensise em larvas de Culex pipiens. J Egypt Ger Soc Zool 20, 43-60.

> Hay, S.I., Gething, P.W., Snow, R.W., 2010. O fardo invisível da malária na Índia. Lancet (9754), 1716-1717.

> http://extoxnet.orst.edu/pips/pyrethri.htm.

> Huang, J., Li, Q., Sun, D., Lu, Y, Su, Y., Yang, X., 2007. Bio-síntese de nanopartículas de prata e ouro através da nova folha de cinnamomum camphora seca ao sol. Nanotechnol 18(10), 105-104.

> Hussin, K.T., Shoukry, F.I., 1997. Estudos toxicológicos e histopatológicos de certos óleos fixos de plantas em larvas de Culex pipiens. Ain Shams Sci Bull 35, 287305.

> Jain, D., Daima, K.H., Kachhwaha, S., Kothari, S. L., 2009. Synthesis of plant-mediated silver nanoparticles using papaya fruit extract and evaluation of their anti-microbial activities, D J Nanomat Biostructures 4(3), 557 - 563.

> Jayaseelan, C., Rahuman, A.A., Rajakumar, G, Santhoshkumar, T., Kirthi, A.V., Marimuthu, S., Bagavan, A., Kamaraj, C., Zahir, A.A., Elango, G, Velayutham, K., Bhaskara Rao, K.V., Karthik, L., Raveendran, S., 2011. Eficácia de nanopartículas de prata sintetizadas mediadas por plantas contra parasitas hematófagos. Parasitol Res 11, 2473-2476.

> Jegadeeswaran, P., Shivaraj, R., Venckatesh, R., 2012. Síntese verde de nanopartículas de prata a partir de extrato de folha de Padina tetrastromatica. Digest J Nanomat Biostruct 7 (3), 991- 998.

> Kamaraj, C., Bagavan, A., Rahuman, A.A., Zahir, A.A., Elango, G, Pandiyan, G, 2009. Potencial larvicida de extractos de plantas medicinais contra Anopheles subpictus Grassi e Culex tritaeniorhynchus Giles (Diptera: Culicidae). Parasitol Res 104(5), 1163-1171.

> Kamaraj, C., Rahuman, A.A., Bagavan, A., 2008. Rastreio da atividade antifeedante e larvicida de extractos de plantas contra Helicoverpa armigera (Hübner), Sylepta derogata (F.) e Anopheles stephensi (Liston) Parasitol Res 103, 1361-1368.

> Kasthuri, J., Veerapandian, S., Rajendiran, N., 2009. Síntese biológica de

nanopartículas de prata e ouro utilizando a apiina como agente redutor. Colloids Surf B 68, 55-60.

> Kathiresan, K., Manivannan, S., Nabeel, M.A., Dhivya, B., 2009. Estudos sobre nanopartículas de prata sintetizadas por um fungo marinho, Penicillium fellutanum, isolado de sedimentos de mangais costeiros. Colloids Surf B 71, 133-137.

> Keanea, A., Phoenix, P., Ghoshal, S., Lau, P.C.K., 2002. Expor os poluentes orgânicos culpados: uma revisão. J Microbiol Meth 49,103-119.

> Kearns, G.J., Foster, E.W., Hutchison, J.E., 2006. Substratos para imagiologia direta de superfícies de SiO2 quimicamente funcionalizadas por microscopia eletrónica de transmissão. Anal Chem 78(1), 298-303.

> Kettle, D.S., 1992. Medical and Veterinary Entomology. Centro Internacional de Agricultura e Biociências. Wallingford, Reino Unido, pp 99-136.

> Knoll, B., Keilmann, F., 1999. Sondagem de campo próximo da absorção vibracional para microscopia química. Nature 399, 134-137.

> Krap, G, 1979. Cell biology international student Ed. Mc Graw-Hill, Kogakusha Ltd., 846.

> Krishnaraj, C.,. Jagan, E.G., Rajasekar, S., Selvakumar, P., Kalaichelvan, P.T., Mohan, N., 2010 Síntese de nanopartículas de prata utilizando extractos de folhas de Acalypha indica e a sua atividade antibacteriana contra agentes patogénicos de origem hídrica. Colloids Surf B Biointer 76(1), 50-56.

> Krishnaraj, C., Jagan, E.G, Ramachandran, R., Abirami, S.M., Mohan, N., Kalaichelvan, P.T., 2012. Efeito de nanopartículas de prata sintetizadas biologicamente em Bacopa monnieri (Linn.) Wettst. Metabolismo do crescimento das plantas. Process Biochem 47, 651-658.

> Kumar, V., Yadav, S.K., 2009. Síntese mediada por plantas de nanopartículas de prata e ouro e suas aplicações. J Chem Technol Biotechnol 84, 151-157.

> Lee *C.Y.,* Yap. H.H., 2003. Situação do controlo de pragas urbanas na Malásia. Em, Lee CY, Yap HH, Chong N.L, e Jaal Z. (eds.), Urban Pest Control, A Malaysian Perspective. Universiti Sains Malaysia. 1-8 pp

> Lee, D.J., Hicks, M.M., Grifiithh, Mi., Russell, R., Marks, E., 1987. The Culicidae of the Australasian Regzon. Vol. 5. Australian Government Publishing Service, Camberra.

> Lee, D.K., 2000. Eficácia da predação do peixe loach, Misgurnus mizolepis, contra os mosquitos Aedes e Culex em laboratório e em pequenas parcelas de arroz. J Am Mosq Control16, 258-261.

> Lee, H.L., Lee, T.W., Law, F.M., Cheong, W.H., 1984. Preliminary studies on the susceptibility of field-collected Aedes (Stegomyia) aegypti (Linneaus) to Abate (temephos) in Kuala Lumpur. Trop Biomed 1, 37-40.

> Lee, H.L., Lime, W., 1989. Uma reavaliação da suscetibilidade das larvas de Aedes (Stegomyia) aegypti (Linnaeus) recolhidas no terreno ao temefos na Malásia. Boletim de Doenças Transmitidas por Mosquitos 6, 91-95.

> Li, L., Hu, J., Yang, W., Alivisatos, A.P., 2001. Band Gap Variation of Size and Shape Controlled Colloidal CdSe Quantum Rods. Nano Let 1 (7), 349-351.

> Li, S., Shen, Y., Xie, A., Yu, X., Qiu, L., Zhang, L., 2007. Síntese verde de nanopartículas de prata usando Capsicum annuumL. Extract. Green Chem 9, 852885.

> Lima, C.A., Almeida, W.R., Hurd, H., Albuquerque, C.M., 2003. Aspectos reprodutivos do mosquito Culexquinquefasciatus (Diptera: Culicidae) infetado porWuchereria bancrofti (Spirurida: Onchocercidae). Memorias do Instituto Oswaldo Cruz 98, 217-222.

> Lindsay, S.W., Wilkins, H.A., Zieler, H.A., Daly, R.J., Petrarca, V., Byass, P., 1991. Capacidade dos mosquitos Anopheles gambiae para transmitir a malária durante as estações seca e húmida numa área de cultivo de arroz irrigado na Gâmbia. J Trop Med Hyg 94, 313-324.

> Lowenstam, H.A., 1981.Minerals formed by organisms. Science 211(4487), 1126-1131.

> Lowry, O.H., Rosebrough, N.J., Farr, A.L., Randall, R.J., 1951. Medição de proteínas com o reagente de fenol Folin. J Biological Chem 193, 265-275.

> Mallikarjuna, K., Narasimha, G., Dillip, G.R., Praveen, B., Sreedhar, B., Lakshmi, C.S., Reddy, B. V S., Raju, B.D.P., 2011. Síntese verde de nanopartículas de prata utilizando extrato de folhas de Ocimum e sua caraterização. Digest J Nanomater Biostruct 6, 181-186.

> Manopriya, M., Karunaiselvi, B., João Paulo, J.A., 2011. Síntese verde de nanopartículas de prata a partir dos extractos de folhas de Euphorbia hirta e Nerium indicum. Digest J Nanomat Biostruct 6(2), 869-877.

> Marimuthu, S., Rahuman, A.A., Rajakumar, G, Santhoshkumar, T., Kirthi, A.V., Jayaseelan, C., Bagavan, A., Zahir, A.A., Elango, G, Kamaraj, C., 2011. Avaliação de nanopartículas de prata sintetizadas em verde contra parasitas. Parasitol Res 108, 1541-1549.

> Marimuthu, S., Rahuman, A.A., Rajakumar, G, Santhoshkumar, T., Kirthi, A.V., Jayaseelan, C., Bagavan, A., Zahir, A.A., Elango, G, Kamaraj, C., 2011. Avaliação de nanopartículas de prata sintetizadas em verde contra parasitas. Parasitol Res 108, 1541-1549.

> Mary, E.J., Inbathamizh, L., 2012. Síntese verde e caraterização de nano prata usando extrato de folhas de Morinda pubescens. Asian J Pharm Clin Res 5(1), 159-162.

> Massoud, A.M., Labib, I.M., 2000. Atividade larvicida de Commiphora molmol contra larvas de Culex pipiens e Aedes caspius. J Egypt Soc Parasitol 30, 101-115.

> Michael, E., Bundy, D.A., Grenfell, B.T., 1995. Reavaliação da prevalência e distribuição global da filariose linfática. Parasitology, 112 (4), 409428.

> Minjas, J.N., Sarda, R.K., 1986. Observações laboratoriais sobre a toxicidade do extrato de Swartzia madagascariens (Leguminaceae) para larvas de mosquito. Trans R Soc Trop Med Hyg 80,460-461.

> Miyagi, I., Toma, T., 2000. Os mosquitos do Sudeste Asiático. In: Ng FSP, Yong HS, eds. Mosquitos e doenças transmitidas por mosquitos. Kaula Lumpur: Academia de Ciências 1-43.

> Moghimi, S.M., Hunter, A.C., Murray, J.C., 2001. Nanopartículas de longa circulação e específicas do alvo: da teoria à prática. Pharmacol Rev 53, 283-318.

> Mohanpuria, P., Rana, N.K., Yadav, S.K., 2008. Biosíntese de nanopartículas: conceitos tecnológicos e aplicações futuras. J Nanoparticle Res 10, 507517.

> Mohanpuria, P., Rana, N.K., Yadav, S.K., 2008. Biosíntese de nanopartículas: conceitos tecnológicos e aplicações futuras. J Nanoparticle Res 10, 507517.

> Moore, M., 2002. Biocomplexidade: o desafio pós-genoma na ecotoxicologia. Aquatic Toxicol 59, 1-15.

> Moretti, M.D.L., Sanna-Passino, G., Demontis, S., Bazzoni, E., 2002. Formulações de óleos essenciais úteis como uma nova ferramenta para o controlo de pragas de insectos. AAPS Pharm Sci Tech 13, 1-11.

> Morones, J.R., Elechiguerra, J.L., Camacho, A., Holt, K., Kouri, J.B., Ramirez, J.T., Yacaman, M.J., 2005. O efeito bactericida das nanopartículas de prata. J Nanotech 16, 2346-2353.

> Mosq. Darsie Jr R.F., Ward, R.A., 2005. Identification and Geographical Distribution of the Mosquitoes of North America, North of Mexico [Identificação e distribuição geográfica dos mosquitos da América do Norte, ao norte do México]. University of Florida Press Gainesville FL. 300 pp.

> Sítio Web de Informação sobre Mosquitos, 2009. Universidade da Florida, Laboratório de Entomologia Médica da Florida.

> Mukherjee, P., Ahmad, A., Mandal, D., Senapati, S., Sainkar, S.R., Khan, M.I., Parishcha, R., Ajaykumar, P.V., Alam, M., Kumar, R., Sastry, M., 2001. Síntese de nanopartículas de prata mediada por fungos e sua imobilização na matriz micelial: uma nova abordagem biológica para a síntese   de nanopartículas Nano Lett 1, 515-519.

> Mukherjee, P., Roy, M., Mandal, B.P., Dey, G.K., Mukherjee, P.K., Ghatak, J., Tyagi, A.K., Kale, S.P., 2008. Síntese verde de partículas de prata nanocristalinas altamente estabilizadas por um fungo não patogénico e de importância agrícola T. asperellum. Nanotechnol 19,075103.

> Murugan, K., Babu, R., Jeyabalan, D., Senthil, Kumar, N., 1996. Sivaramakrishnan S. Antipupational effect of neem oil and neem seed kernel extract against mosquito larvae of Anopheles stephensi (Liston). J Ent Res 20, 137-139.

> Mutuku, F.M., Alaii, J.A., Bayoh, M.N., Gimnig, J.E., Vulule, J.M., Walker, E.D., Kabiru, E., Hawley, W.A., 2006. Distribuição, descrição e conhecimento local dos habitats larvares de Anopheles gambiae s.l. numa aldeia do Quénia Ocidental. Am J Trop Med Hyg 74, 44-53.

> Nagajyoti, P.C., Prasad, T.N., Shreekanth, V.M., Lee, K.D., 2011. Biofabricação de nanopartículas de prata utilizando folhas de Saururus chinenis. Digest J Nanomat Biostruct 6 (1), 121-133.

> Nathan, S.S., Kalaivani, K., Murugan, K., Chung, PG, 2005b. Efeitos dos

limonóides de neem no vetor da malária Anopheles stephensi Liston (Diptera: Culicidae). Ata Trop 96, 47-55.

> Nathan, S.S., Kalaivani, K., Murugan, K., Chung, PG, 2005a. A toxicidade e o efeito fisiológico dos limonóides de neem em Cnaphalocrocis medinalis (Guene' e), a lagarta do arroz. Pest. Biochem Physiol 81, 113-122.

> Nelson, N., 1944. Uma adaptação fotométrica do método de Somogyi para a determinação da glucose. J Biological Chem 153, 375-380.

> Nie, S., Emory, S. R., 1997. "Probing Single Molecules and Single Nanoparticles by Surface-Enhanced Raman Scattering" [Sondagem de Moléculas e Nanopartículas Únicas por Dispersão Raman com Melhoria da Superfície]. Science 275, 11021106.

> Nishikida, K., Nishio, E., Hannah, R.W., 1995. Aplicações selecionadas de técnicas FT-IR. Gordon and Breach. p. 240. ISBN 2-88449-073-6.

> Panneerselvam, C., Ponarulselvam, S., Murugan, K., 2011. Potencial atividade anti plasmodial de nanopartículas de prata sintetizadas usando Andrographis paniculata Nees (Acanthaceae). Arch Appl Sci Res 3(6), 208-217.

> Panyam, J., Labhasetwar, V., 2003. Biodegradable nanoparticles for drug and gene delivery to cells and tissue. Adv Drug Delivery Rev 55, 329-347.

> Parashar, U.K., Saxenaa, P.S., Srivastava, A., 2009. Síntese bioinspirada de nanopartículas de prata. Dig J Nanomater Biostruct 4,159-166.

> Pizzarro, A.P.B., Oliveira-Filho, A.M., Parente, J.P., Melo, M.T.V., Santos C.E., Lima, P.R., 1999. O aproveitamento do resíduo da indústria do sisal no controle de larvas de mosquitos. Rev Soc Bras Med Trop 32, 23-29.

> Poortmans, J., Arkhipov, V., 2006. Thin film solar cells: fabrication, characterization and applications. John Wiley and Sons. p. 189. ISBN 0-47009126-6.

> Prati, S., Joseph, E., Sciutto, G., Mazzeo, R., 2010. "Novos Avanços na Aplicação de Microscopia e Espectroscopia FTIR para a Caracterização de Materiais Artísticos". Acc Chem Res 43 (6), 792-801.

> Raj, D.V., Anarkali, J., Rajathi, K., Sridhar, S., 2012. Síntese verde e caraterização de nanopartículas de prata do extrato de folhas de Aristolochia bracteata e sua eficácia antimicrobiana. Int J Nanomat Biostruct 2(2), 11-15.

> Rajakumar, G, Rahuman, A.A., 2011. Atividade larvicida de nanopartículas de prata sintetizadas usando extrato de folhas de Eclipta prostrata contra filariose e vetores de malária. Ata Trop. 118, 196-203.

> Raju, K., Jambulingam, P., Sabesan, S., Vanamail, P., 2010. Lymphatic filariasis in India: epidemiology and control measures (Filariose linfática na Índia: epidemiologia e medidas de controlo). J Postgrad Med 56(3), 232-238.

> Rao, C.N.R., Cheetham, A.K., 2001. Ciência e tecnologia dos nanomateriais: situação atual e perspectivas futuras. J Mater Chem11, 2887-2894.

> Raveendran, P., Fu, J., Wallen, S.L., 2003. Síntese completamente "verde" e estabilização de nanopartículas metálicas. J Am Chem Soc 125, 13940-13941.

> Raveendran, P., Fu, J., Wallen, SL., 2006. Um método simples e ecológico para a síntese de nanopartículas de Au, Ag e ligas Au-Ag. Green Chem 8, 34-38.

> Reddy, P.J., Krishna, D., Murthy, U.S., Jamil, K., 1992. Um programa FORTRAN de microcomputador para a determinação rápida da concentração letal de biocidas no controlo de mosquitos. CABIOS 8,209-213.

> Roco, M.C., Mirkin, C.A., Hersam, M.C., (Eds.), 2010. Nanotechnology Research Diretions for Societal Needs in 2020: Retrospective and Outlook, World Technology Evaluation Center (WTEC) e National Science Foundation (NSF), Springer, =http: //www.wtec.org/ nano2/Nanotechnology_Research_Directions_to_2020/> (acedido em 29.06.11)

> Rohani, A., Ismail, A., Zainah, S., Lee, H.L., 1997. Deteção do vírus da dengue em adultos e larvas de Aedes aegypti e Aedes albopictus no terreno. Southeast Asian J Trop Med Public Health 28, 138-42.

> Sabesan, S., Palaniyandi, M., Das, P.K., Michael, E,, 2000. Mapping of lymphatic filariasis in India (Mapeamento da filariose linfática na Índia). Ann Trop Med Parasitol 94,591-606.

> Sakulku, U., Nuchuchua, O., Uawongyart, N., Puttipipatkhachorn, S., Soottitantawat, A., Ruktanonchai, U., 2009. Caracterização e atividade repelente de mosquitos da nanoemulsão de óleo de citronela. Int J Pharm 372, 105-111.

> Salgado, V.L., 1997. Os modos de ação do espinosade e de outros produtos contra insectos até à Terra, 52(1), 35-43.

> Sanghi, R., Verma, P., 2009. Síntese biomimética e caraterização de nanopartículas de prata revestidas com proteínas. Bioresour Technol 100, 501-504.

> Santhoshkumar, T., Rahuman, A.A., Bagavan, A., Marimuthu, S., Jayaseelan, C., Kirthi, A. V., Kamaraj, C., Rajakumar, G., Zahir, A.A., Elango, G, Velayutham, K., lyappan, M., Siva, C., Karthik L., Bhaskara Rao K.V., 2012. Avaliação do extrato aquoso do caule e nanopartículas de prata sintetizadas utilizando Cissus quadrangularis contra Hippobosca maculate e Rhipicephalus (Boophilus) microplus Exp Parasitol 132(2),156-65.

> Santhoshkumar, T., Rahuman, A.A., Bagavan, A., Marimuthu, S., Jayaseelan, C., Kirthi, A. V., Kamaraj, C., Rajakumar, G, Zahir, A.A., Elango, G, Velayutham, K., lyappan, M., Siva, C., Karthik L., Bhaskara Rao K.V., 2012. Avaliação do extrato aquoso do caule e nanopartículas de prata sintetizadas utilizando Cissus quadrangularis contra Hippobosca maculate e Rhipicephalus (Boophilus) microplus Exp Parasitol 132, 156-165.

> Savithramma, N., Rao, M.L., Rukmini, K., devi, P.S., 2011. Atividade antimicrobiana de nanopartículas de prata sintetizadas através da utilização de plantas medicinais. Inter J Chem Tech Res 3(3), 1394-1402.

> Schmidt, J., Montemagno, C., 2002. Utilizar máquinas nas células. Drug Discov Today 7, 500-503.

> Schrand, A.M., Braydich-Stollel, L.K., Schlager, J.J., Dai, L., Hussain, S.M., 2008. Poderão as nanopartículas de prata ser úteis como potenciais rótulos biológicos? Nanotechnol 19, 235104.

> Sengupta, S., Eavarone, D., Capila, I., Zhao, G, Watson, N., Kiziltepe, T., Sasisekharan, R., 2005. Temporal targeting of tumour cells and neovasculature with a nanoscale delivery system (Focalização temporal de células tumorais e neovasculatura com um sistema de distribuição à escala nanométrica). Nature 436(7050), 568-572.

> Service, M.W., 1980. A guide to medical entomology. Macmillan Press, Londres, pp 24-52.

> Shankar, S.S., Rai, A., Ahmad, A., Sastry, M., 2004, Síntese rápida de nanopartículas de Au, Ag e Au bimetálico com núcleo de Au e casca de Ag utilizando caldo de folhas de Neem (Azadirachta indica). J Colloid Interface Sci 275, 496-502.

> Shankar, S.S., Ahmad, A., Sastry, M., 2003. Biossíntese de nanopartículas de prata assistida por folhas de gerânio. Biotechnol Prog 19, 1627-1631.

> Shankar, S.S., Rai, A., Ankamwar, B., Singh, A., Ahmad, A., Sastry, M., 2004. Síntese biológica de nanoprismas triangulares de ouro Nat Mat 3, 482-488.

> Sharma, V.K., Yngard, R.A., Lin, Y, 2009. Nanopartículas de prata: síntese verde e suas actividades antimicrobianas. Adv Colloid Interf Sci 145, 83-96.

> Shyamala, M.B., 1964. Desintoxicação de benzoato por conjugação de glicina no bicho-da-seda Bombyx mori L.J Insect Physiol 10, 385-91.

> Sirivanakarn, S., Jakob, W L., 1981. Culex (Melanoconion) sacehettae, uma nova espécie do Estado de Sdo Paulo, Brasil (Diptera: Culicidae). Mosq Syst 13,191-194.

> Sirivanakarn, S., White, G.B., 1978. Designação do neótipo de Culex quinquefasciatus Say (Diptera: Culicidae). Actas da Sociedade Entomológica de Washington 80, 360-372.

> Smith, M., Rhyner, M.V., Ruan, G., Duan, H., Nie, S.M., 2006. Um exame sistemático dos revestimentos de superfície sobre as propriedades ópticas e químicas dos pontos quânticos semicondutores. Phys. Chem. Chem. Phys. (PCCP), Roy Soc Chem (Londres) 8, 3895-3903.

> Snodgrass, R.E., 1959. The anatomical life of the mosquito. Res Ass Smithsonian Institution 139, 1-78.

> Sondi, I., Salopek-Sondi, B., 2004. Nanopartículas de prata como agente antimicrobiano: um estudo de caso sobre E. coli como modelo para bactérias Gram-negativas. J Colloid Interf Sci 275, 177-182.

> Song, J.Y, Kim, B.S., 2009. Síntese biológica rápida de nanopartículas de prata utilizando extractos de folhas de plantas. Bioprocess Biosyst Eng 32, 79-84.

> Stoimenov, P.K., Klinger, R.L., Marchin, G.L., Klabunde, K.J., 2002. Nanopartículas de óxido metálico como agentes bactericidas. Langmuir 18, 6679-6686.

> Subhashini, M., Ravindranath, M.H., 1980. Haemolymph protein concentration of Scylla serrata: assessment of quantitative methods and intra-individual variability (Concentração de proteínas na hemolinfa de Scylla serrata: avaliação de métodos quantitativos e variabilidade intra-individual). Arch Int Physiol Biochem 88, 47-51.

> Swanson, C., Cech, J.J., Jr., Piedrahita, R, H., 1996. Mosquitofish: biologia, cultura e utilização no controlo de mosquitos. Sacramento, CA. Mosq. Vetor Control Assoc

Calif e Univ Calif Mosquito Research Program.

> Takken, W., Lindsday, S.W., 2003. Factores que afectam a competência vetorial de Anopheles gambiae: uma questão de escala. Wageningen UR frontis series, Dordrecht: Kluwer Academic, 2, 75-90.

> Tawatsin, A., Asavadachanukorn, P., Thavara, U., Wongsinkongman, P., Bansidhi, J., Boonruad, T., et al., 2006. Repelência de óleos essenciais extraídos de plantas na Tailândia contra quatro vectores de mosquitos (Diptera: Culicidae) e efeitos dissuasores da oviposição contra Aedes aegypti (Diptera: Culicidae). Southeast Asian J Trop Med Public Health 37(5), 915-931.

> Tessier, P.M., Velev, O.D., Kalambur, A.T., Rabolt, J.F., Lenhoff, A.M., Kaler, E.W., 2000. Assembly of Gold Nanostructured Films Templated by Colloidal Crystals and Use in Surface-Enhanced Raman Spectroscopy. J Am Chem Soc 122, 9554-9555.

> Tolaymat, T.M., El-Badawy, A.M., Genaidy, A., Scheckel, K.G., Luxton, T.P., Suidan, M., 2010. Uma perspetiva ambiental baseada em evidências de nanopartículas de prata fabricadas em sínteses e aplicações: uma revisão sistemática e uma avaliação crítica de artigos científicos revistos por pares. Sci Total Environ 408, 999-1006.

> Tripathy, A., Ashok, M., Raichur, N., Chandrasekaran, T., Prathna, C., Mukherjee, A., 2010. Variáveis de processo na síntese biomimética de nanopartículas de prata por extrato aquoso de folhas de Azadirachta indica (Neem). J Nano Res 12(1), 237-246.

> Van Handel, E., 1985a. Determinação rápida de glicogénio e açúcares em mosquitos. J Am Mosq Control Assoc 1,299-301.

> Van Handel, E., 1985b. Rapid determination of total lipids in mosquitoes (Determinação rápida de lípidos totais em mosquitos). J Am Mosq Control Assoc 1,302-304.

> Veerasamy, R., Xin, T.Z., Gunasagaran, S., Wei Xiang, T.F., Yang, E.F.C., Jeyakumar, N., Dhanaraj, S.A., 2011. Biossíntese de nanopartículas de prata utilizando extrato de folha de mangostão e avaliação das suas actividades antimicrobianas. J Saudi Chem Soc 15 (2), 113-120.

> Vigneshwaran, N., Kathe, A.A., Varadarajan, P.V., Nachane, R.P., Balasubramanya, R.J., 2007. Acabamento funcional de tecidos de algodão utilizando nanopartículas de prata. J Nanosci Nanotechnol 7, 1893-1897.

> Vreysen, M.J., Saleh, K.M., Ali, M.Y, Abdulla, A.M., Zhu, Z.R., Juma, K.G., Dyck, V.A., Msangi, A.R., Mkonyi, P.A., Feldmann, H.U.,2000.Glossina austeni (Diptera: Glossinidae) erradicada na ilha de Unguja, Zanzibar, utilizando a técnica do inseto estéril. J Econ Entomol 93(1), 123-35.

> Walsh, Julia, A., Kenneth, S., Warren, (1980). Selective primary health care: An interim strategy for disease control in developing countries. Soci Sci Med Part C Med Econom 14 (2), 149.

> Wang, L., Li, X., Zhang, G., Dong, J., Eastoe, J., 2007. Nanoemulsões de óleo em água para formulações de pesticidas. J Colloid Interface Sci 314, 230235.

> White, R., 1990. Chromatography/Fourier transform infrared spectroscopy and its

applications (Cromatografia/Espectroscopia de infravermelhos com transformada de Fourier e suas aplicações). Marcel Dekker. ISBN 0-8247-8191-0.

> OMS [Organização Mundial de Saúde]. 1986. Dengue haemorrhagic fever: diagnosis, treatment and control [Febre hemorrágica do dengue: diagnóstico, tratamento e controlo]. OMS, Genebra, Suíça, 58 pp

> OMS, 1996. Relatório da consulta informal da OMS sobre a avaliação dos ensaios de insecticidas. CTD/WHO PES/IC/ 96.1,69.

> OMS, 1998. Resistência aos insecticidas nos mosquitos vectores de doenças. Relatório de uma reunião do grupo de trabalho regional Salatiga (Indonésia) 5-8 de agosto de 1997,.SEA/VBC/59.

> OMS, 1998, Malaria epidemiology. Organização Mundial de Saúde, Genebra.

> OMS, 2000. Relatório do comité de peritos da Organização Mundial de Saúde sobre a malária. Organização Mundial de Saúde, Genebra.

> OMS, 2006. Pesticides and their application for the control of vectors and pests of public health importance" (pdf). Organização Mundial de Saúde. 2006.

> OMS, 2009. 10 Factos sobre a Malária. Organização Mundial de Saúde. 2009.

> OMS, 2010. Folha de factos sobre a malária. Organização Mundial de Saúde. 2010.

> Wiley, B., Sun, Y., Xia, Y, 2007. Síntese de nanoestruturas de prata com formas e propriedades controladas. Acc Chem Res 40 (10), 1067-1076.

> Worthing, C.R., Hance, R.J., 1991. The Pesticide Manual, nineth ed. pp. 172, 501, 703, 859, UK.

> Xu, Z.P., Zeng Q.H., Lu, G.Q., Yu, A.B., 2006. Nanopartículas inorgânicas como transportadores para uma entrega celular eficiente. Chem Eng Sci 61, 1027-1040.

> Yap, H.H, Lee, Y.W., Zairi, J., 2000. Chemical control of mosquitoes. In, Mosquitoes and mosquito-borne diseases (ed. F.S.P. Ng and H..S. Yong) pp. 197-210.

> Yap, H.H., Lee, YW, Zairi J., 1999. Trends in Urban Pest Control (Tendências no Controlo de Pragas Urbanas). Manuscrito para a OMS-ICAMA-SCJ. Primeiro Congresso Científico Internacional sobre Insecticidas de Saúde Pública e Controlo de Vectores, Pequim, China, 16-18 de novembro de 1999

> Zargar, M., Hamid, A.A., Abu Bakar, F., Shamsudin, M.N., Shameli, K., Jahanshiri F., Farahani, F., 2011. Síntese Verde e Efeito Antibacteriano de Nanopartículas de Prata Utilizando Vitex Negundo L. Molecules 16, 6667-6676.

> Zeenath, C., Nair, N.S.K., 1994. Perfil de desenvolvimento das proteínas e aminoácidos da hemolinfa no último instar larvar de Spodoptera mauritia (Boisd) após tratamento com um análogo da hormona juvenil. Ind J Exper Biol 32 (4), 271- 273.

More
Books!

info@omniscriptum.com
www.omniscriptum.com
OMNIScriptum

Printed by Books on Demand GmbH, Norderstedt / Germany